畜禽产品
安全选购与
健康食用指南

XUQIN CHANPIN
ANQUAN XUANGOU YU
JIANKANG SHIYONG ZHINAN

解华东 布丽君 张晓春 主编

中国农业出版社

图书在版编目（CIP）数据

畜禽产品安全选购与健康食用指南 / 解华东，布丽君，张晓春主编.—北京：中国农业出版社，2018.3
ISBN 978-7-109-23962-3

Ⅰ . ①畜… Ⅱ . ①解… ②布… ③张… Ⅲ . ①畜产品－选购－指南②家禽－动物产品－选购－指南 Ⅳ . ①F762.5-62

中国版本图书馆CIP数据核字（2018）第044495号

中国农业出版社出版
（北京市朝阳区麦子店街18号楼）
（邮政编码 100125）
责任编辑 张艳晶 刘宗慧

北京通州皇家印刷厂印刷 新华书店北京发行所发行
2018年3月第1版 2018年3月北京第1次印刷

开本：880mm×1230mm 1/32 印张：4.875 插页：6
字数：116千字
定价：28.00元
（凡本版图书出现印刷、装订错误，请向出版社发行部调换）

编写委员会

主　　编：解华东　布丽君　张晓春

编写人员（按姓氏笔画排序）：

　　　　布丽君　付　琳　白小青　李　星

　　　　张　勇　张晓春　张晓峰　赵献芝

　　　　程　尚　解华东

主　　审：钟正泽　欧秀琼　景绍红

前　言

　　习近平总书记在中国共产党的十九大报告中强调："我国社会主要矛盾已经转化为人民日益增长的美好生活需要和不平衡不充分的发展之间的矛盾"。随着中国特色社会主义进入新时代，人们对美好生活的需求也发生了巨大变化。特别是对日常饮食需求的变化日益凸显。健康、安全、方便逐渐成为人们对日常饮食的基本要求。

　　近年来，随着我国社会生产的高度发展，畜产品的种类极大丰富，市场上琳琅满目的畜产品让人们应接不暇。产品种类丰富的同时，伴随着产品品质的参差不齐。广大消费者在进行畜产品选购时往往由于产品种类众多、品质各异、价格差异极大而不知道怎样选择适合自己的产品。随着移动网络技术的不断进步，虽然人们可以随时随地通过网络查询相关知识，但是很多消费者由于缺乏食品安全的基础知识，导致对许多网络传播的食品安全知识缺乏辨识能力，造成在畜禽产品选购时不知如何选择。本书正是专门针对畜禽产品安全选购和健康食用方面的参考图书，以消除广大消费者在畜禽产品安全选购和健康食用方面的疑虑。

　　重庆市畜牧科学院、内蒙古蒙牛乳业（集团）股份有限公司、甘肃中天羊业股份有限公司、重庆佳联生物技术有限公司等单位的技术人员汇集多年的畜禽产品生产经验和食品安全知识编写了本书。全书文字通俗易懂，讲述深入浅出，图片清晰，具有代表性，参考价值极强，是一本对居家生活非常有价值的图书。

　　全书共分为九章，其中重庆市畜牧科学院食品加工研究所解华东、布丽君和养猪研究所的白小青共同编写了第一章食品安全基础知识、第二章猪肉制品的安全选购与健康利用、第七章禽蛋制品的安全选购与健康利用；重庆市畜牧科学院草食牲畜研究所付琳编写了第三章牛肉制品的安全选购与健康利用；重庆市畜牧科学院食品加工研究所张晓春编写了第四章羊肉制品的安全选购与健康利用；重庆市畜牧科学院食品加工研究所李星编写了第五章兔肉制品的安全选购与健康利用；重庆市畜牧科学院家禽研究所赵献芝编写了第六章禽肉制品的安全选购与健康利用；内蒙古蒙牛乳业（集团）股份有限公司张勇、张晓峰编写了第八章奶与奶制品的安全选购与健康利用；重庆市畜牧科学院经济动物研究所程尚编写了第九章蜂产品的安全选购与健康利用；甘肃中天羊业股份有限公司李亚东提供了羊肉及其制品的相关图片；重庆市荣昌区小罗食品科技开发有限公司罗德建提供了荣昌卤鹅及板鹅的照片。

　　重庆市畜牧科学院钟正泽研究员、欧秀琼研究员、景绍红副研究员、任航行副研究员、李大军老师，重庆市荣昌区食品药品监督管理局李微波老师对本书的编写提出了宝贵的意见，重庆市科学技术委员会李晶等老师为本书的顺利出版给予了大力的支持，在此一并感谢。

由于编者的能力水平有限，书中疏漏之处在所难免，敬请广大同行和读者批评指正。

编　者

2018年1月

前言

目　录

畜禽产品安全选购与健康食用指南

目
录

第一章　食品安全基础知识

第一节　食品安全概述

"食品"是指各种供人食用或者饮用的成品和原料，以及按照传统既是食品又是中药材的物品，但是不包括以治疗为目的的物品。

"食品安全"指食品无毒、无害，符合应当有的营养要求，对人体健康不造成任何急性、亚急性或者慢性危害。

随着生活水平的不断改善，人们对食品安全的重视程度越来越高。人们通常所说的食品安全的含义有三个层次：

第一层，食品数量安全，即一个国家或地区能够生产民族基本生存所需的膳食需要。要求人们既能买得到又能买得起生存生活所需要的基本食品。

第二层，食品质量安全，指提供的食品在营养、卫生方面能够满足和保障人群的健康需要。食品质量安全涉及食物是否被污染、是否有毒，添加剂是否违规超标、标签是否规范等问题，需要在食品受到污染界限之前采取措施，预防食品的污染和遭遇主要危害因素侵袭。

第三层，食品可持续安全，这是从发展角度要求食品的获取需要注重生态环境的良好保护和资源利用的可持续性。

广大民众普遍关心的是"食品质量安全"，备受大家关注的各类食品安全事件也主要集中在"食品质量安全"方面。

第二节　我国食品安全法律法规及监管体系

一、法律法规体系

我国和食品相关的法律法规体系分为4个层次：法律、行政法规、部门规章和规范性文件。

法律：由全国人大及其常委会审议制定，国家主席签署主席令颁布实施的规范性文件。包括《中华人民共和国食品安全法》《中华人民共和国产品质量法》《中华人民共和国进出口商品检验法》《中华人民共和国农产品质量安全法》《中华人民共和国标准化法》《中华人民共和国农业法》《中华人民共和国进出境动植物检疫法》《中华人民共和国广告法》《中华人民共和国消费者权益保护法》《中华人民共和国商标法》等。

行政法规：包括《中华人民共和国食品安全法实施条例》《中华人民共和国农产品质量安全法实施条例》《生鲜乳生产收购管理办法》等。

部门规章：包括《食品添加剂卫生管理办法》《新资源食品卫生管理办法》《有机食品认证管理办法》《转基因食品卫生管理办法》等。

规范性文件：包括《国务院关于进一步加强食品安全工作的决定》《食品生产企业危害分析与关键控制点（HACCP）管理体系认证管理规定》等。

二、食品质量安全市场准入制度

为保证食品安全，保障公众身体健康和生命安全，自2004年1月1日起，中国开始实行"食品质量安全市场准入制"。所谓食品质量安全市场准入制度，就是为保证食品的质量安全，具备规定条件的生产者才允许进行生产经营活动、具备规定条件的食品才允许生产销售的监督制度。因此，实行食品质量安全市场准入制度是一种政府行为，是一项行政许可制度，包括3项具体制度。

（一）对食品生产企业实施生产许可证制度

对于具备基本生产条件、能够保证食品质量安全的企业，由县级以上食品药品监督管理部门依照《中华人民共和国行政许可法》发放带有"SC"标志的《食品生产许可证》，准予生产获证范围内的产品；未取得《食品生产许可证》的企业不准生产食品。这就从生产条件上保证了企业能生产出符合质量安全要求的产品。

2013年前，食品生产由国家质量监督检验检疫总局发放《企业食品生产许可证》，标志是"QS"（企业食品拼音字母的缩写），并标志"生产许可"中文字样。2013年国家机构进行了改革调整，食品的生产、流通和餐饮统一由国家食品药品监督管理总局管理，2015年重新制定发布了《食品生产许可管理办法》，于2015年10月1日起执行，发放的《食品生产许可证》标志为"SC"（生产拼音字母的缩写）和14位阿拉伯数字组成，从此，QS标志被取消。但是，为解决食品企业消耗掉以前印刷的标签，避免浪费，国家食品药品监督管理总局设置了三年的过渡期，在此期间，允许市场上标有QS老包装的食品和标有SC标志的食品同时存在。

（二）对企业生产的食品实施强制检验制度

未经检验或经检验不合格的食品不准出厂销售。对于不具备自检条件的生产企业强令实行委托检验。这项规定适合我国企业现有的生产条件和管理水平，能有效地把住产品出厂安全质量关。

（三）对实施食品生产许可制度的产品实行市场准入标志制度

对检验合格的食品要加印（贴）市场准入标志——SC

（QS）标志，没有加贴SC（QS）标志的食品不准进入市场销售。这样做，便于广大消费者识别和监督，便于有关行政执法部门监督检查。同时，也有利于促进生产企业提高对食品质量安全的责任感。

三、食品安全监管体系

为了进一步规范食品的生产经营活动，防范食品安全事故发生，强化食品安全监管，落实食品安全责任，在原《中华人民共和国食品卫生法》的基础上颁布的《中华人民共和国食品安全法》于2009年6月1日起正式施行。并于2015年进行了修订，于2015年10月1日起施行。新的《中华人民共和国食品安全法》明确了我国以分段监管为主、品种监管为辅的食品安全监管体系，并进一步明确了食品安全事故的分级、事故处置组织指挥体系与职责、预防预警机制、处置程序、应激保障措施等，为保障食品安全提供了充分的法律依据。

第三节　食品安全基本知识

一、食品安全标准与认证

我国食品标准体系由国家标准、行业标准、地方标准、企业标准4级构成。目前，我国共有食品、食品添加剂、食品相关产品国家标准2 000余项，行业标准2 900余项，地方标准1 200余项，以及一些企业标准、地方法规等。涵盖了食品生产的各个环节：原料、环境、添加剂、运输、包装、流通、储存、生产、检验、配方、工艺和残留物等。

二、三证一品

"三证一品"指的是无公害食品认证、绿色食品认证、有机食品认证、地理标志产品。

1. 无公害食品　是指产地生态环境清洁，按照特定的技术操作规程生产，将有害物含量控制在规定标准内，并由授权部门审定批准，允许使用无公害标志的食品。

无公害农产品标志的图案主要由麦穗、对勾和无公害农产品字样组成，麦穗代表产品，对勾表示合格，金色寓意成熟和丰收，无公害象征环保和安全（彩图1）。标志必须经过当地无公害管理部门申报，经省级无公害管理部门批准才可获得使用权。

无公害农产品认证包括产地认证（省级）和产品认证（国家）两方面一体化认证。产品认证由农业部门认证，其标志的使用期为3年，无公害产品的三个特性包括安全性、优质性和高附加值。

2. 绿色食品　是指遵循可持续发展原则，按照特定生产方式生产，经专门机构（中国绿色食品发展中心）认证，许可使用绿色食品标志商标的无污染的安全、优质、营养类食品。

（1）A级绿色食品　指在生态环境质量符合规定标准的产地，生产过程中允许限量使用限定的化学合成物质，按特定的生产操作规程生产、加工，产品质量及包装经检测、检查符合特定标准，并经中国绿色食品发展中心认定，许可使用A级绿色食品标志的产品。

（2）AA级绿色食品　指在生态环境质量符合规定标准的产地，生产过程中不使用任何有害化学合成物质，按特定的生产操作规程生产、加工，产品质量及包装经检测、检查符合特定标准，并经中国绿色食品发展中心认定，许可使用AA级绿色食品标志的产品。

A级字体为白色，底色为绿色；

AA级字体为绿色，底色为白色。

中文是绿色食品、英文是"Green food"（彩图2）。

（3）绿色食品必备的条件　产品或产品原料的产地必须符合农业部制定的绿色生态环境质量标准。

农作物种植、畜禽饲养、水产养殖及食品加工必须符合绿色食品生产操作规程。

产品必须符合绿色食品产品（质量和卫生）标准。

产品外包装、储运必须符合国家食品标签通用标准，符合绿色食品特定的包装、装潢和标签规定。

3. 有机食品　是指按照有机农业生产标准，在生产中不采用基因工程获得的生物及其产物，不使用化学合成的农药、肥料、生长调节剂、饲料添加剂等物质，采用一系列可持续发展的农业技术，生产、加工并经专门机构（国家有机食品发展中心）严格认证的一切农副产品。

有机产品必备的条件包括：

（1）原料来自有机生产体系或野生天然产品。

（2）生产和加工过程中必须严格遵循其相应的标准，严禁使用化学合成物质，禁止使用基因技术及其产物与衍生物。

（3）生产和加工过程中必须建立严格的质量管理体系、生产过程控制体系和追踪体系，并需要2～3年的转换期。

（4）有机产品必须通过合法的有机产品认证机构的认证。

有机食品认证机构有：中绿华夏有机食品认证中心、南京国环有机认证中心、中农有机产品认证中心（有机茶）有机稻米认证、国家认证认可监督管理委员会、中国国家环保总局有机食品发展中心。

有机产品证书有效期为1年，有机产品标志主要有地区标志、国家标志和认证机构的标志3种类型（彩图3）。

4. 地理标志农产品　是指产自特定地域，所具有的质量、声誉或其他特性本质上取决于该产地的自然因素和人文因素，经审核批准以地理名称进行命名的产品。此处所称的农产品是指来源于农业的初级产品，即在农业活动中获得的植物、动物、微生物及其产品。地理标志农产品由农业部下属机构认证和颁发证书。要与地理标志保护产品（由国家质量监督检验检疫总局认证和颁发）的内涵和适用范围区分开来（地理标志保护产品指产自特定地域，所具有的质量、声誉或其他特性取决于该产地的自然因素和人文因素，经审核批准以地理名称进行命名的产品，并进行地域专利保护。地理标志保护产品包括：一是来自本地区的种植、养殖产品；二是原材料来自本地区，并在本地区按照特定工艺生产和加工的产品）。

三、食品标签

食品标签是指预包装食品容器上的文字、图形、符号，以及一切说明物。预包装食品是指预先包装于容器中，以备交付给消费者的食品。食品标签的所有内容，不得以错误的、引起误解的或欺骗性的方式描述或介绍食品，也不得以直接或间接暗示性的语言、图形、符号导致消费者将食品或食品的某一性质与另一产品混淆。此外，根据规定，食品标签不得与包装容器分开；食品标签的一切内容，不得在流通环节中变得模糊甚至脱落，食品标签的所有内容，必须通俗易懂、准确、科学。食品标签是依法保护消费者合法权益的重要途径。食品标签应标注的内容如下。

1. 食品名称

（1）必须采用表明食品真实属性的专用名称。

（2）当国家标准或行业标准中已规定了某食品的一个或几个名称时，应选用其中的一个。

（3）无上述规定的名称时，必须使用不使消费者误解或混淆的常用名称或俗名。

（4）为避免消费者误解或混淆食品的真实属性、物理状态和制作方法，可以在食品名称前附加或在食品名称后注明相应的词或短语。

2. 配料表

（1）除单一配料的食品外，食品标签上必须标明配料表。

（2）配料表的标题为"配料"或"配料表"。

（3）各种配料必须按加入量的递减顺序一一排列。

（4）如果某种配料本身是由两种或两种以上的其他配料构成的复合配料，必须在配料表中标明复合配料的名称，再在其后加括号，按加入量的递减顺序一一列出原始配料。当复合配料在国家标准或行业标准中已有规定名称，其加入量小于食品总量的25%时，则不必将原始配料标出，但其中的食品添加剂必须标出。

（5）各种配料必须按规定使用具体名称。食品添加剂必须使用《食品添加剂使用标准》（GB 2760—2014）规定的产品名称或种类名称。

（6）当加工过程中所用的原料已改变为其他成分时（指发酵产品，如酒、酱油、醋等），为了表明产品的本质属性，可用"原料"或"原料与配料"代替"配料"。

3. 固形物含量

（1）必须标明容器中食品的净含量，按以下方式标明：液态食品，用体积；固态食品，用质量；半固态食品，用质量或体积。

（2）容器中含有固、液两相物质的食品，除标明净含量外，还必须标明该食品的固形物含量，用质量或百分数表示。

（3）同一容器中如果含有互相独立且品质相同、形态相近的几种食品时，在标明净含量的同时还必须标明食品的数量。

4. 标注

制造者、经销者的名称和地址必须标明食品制造、包装、分装或销售单位经依法登记注册的名称和地址。进口食品必须标明原产国、地区（指中国香港地区、中国澳门地区、中国台湾地区）名及总经销者在国内依法登记注册的名称和地址。

5. 指南

（1）必须标明食品的生产日期、保质期或保存期。

（2）如果食品的保质期或保存期与储藏条件有关，必须标明食品的储藏方法。

6. 等级

产品标准（国家标准、行业标准）中已明确规定质量（品质）等级的食品，必须标明食品的质量等级。

7. 产品标准号　必须标明产品的国家标准、行业标准或企业标准的代号和顺序号。

四、食物中毒预防处理措施

食物中毒是指摄入了含有有毒有害物质的食品或者把有毒有害物质当做食品摄入后出现的急性、亚急性疾病。这是一类经常发生的疾病，会对人体健康和生命造成严重危害。食物中毒的特点是潜伏期短、突然地和集体地暴发，多数表现为肠胃炎的症状，并和食用某种食物有明显关系，没有传染性。

（一）食物中毒的分类

食物中毒有细菌性食物中毒、有毒动植物中毒、化学性食物中毒3种类型。

1. 细菌性食物中毒　在各类食物中毒中，细菌性食物中毒最多见，占食物中毒总数的一半左右。细菌性食物中毒具有明显的季节性，多发生在气候炎热的季节。细菌性食物中毒发病率高。一般引起食物中毒的细菌和食品有下列几种：

（1）沙门氏菌类　通常受到污染的食品有蛋、奶类及奶类制成品、肉类及肉类制成品，特别是家禽类食品(例如，烧味、卤味、鹅肠等)。

（2）金黄色葡萄球菌　通常受到污染的食品有糕点、雪糕、奶及奶类制成品、蛋制品。

（3）副溶血性弧菌　通常受到污染的食品有海产品和腌制食品(如海蜇、墨鱼、咸菜、熏蹄等)。

（4）蜡样芽孢杆菌　通常受到污染的食品有剩饭、炒饭、冷盘、调味汁等。

（5）肉毒梭状芽孢杆菌　通常受到污染的食品有罐头食品、肉类制品。

（6）产气荚膜梭状芽孢杆菌　通常受到污染的食品有肉类及肉类制成品。

从夏季一直到秋末这段时间，食物都特别容易发生腐败变质，再加上有苍蝇蚊虫的叮咬，食物变质的概率更加增大，此时，如果吃了被病菌或者毒素污染过的食物，就极可能导致食用者出现食物中毒。为了我们的身体健康，一定要注意饮食安全，把好"病从口入关"，防止食物中毒。

2. 有毒动植物产品中毒　本书中仅介绍有毒动物产品中毒，畜产品类的食物中毒除微生物因素外，主要集中在蜂蜜、蜂花粉等蜂产品上。以雷公藤等有毒植物蜜源花粉为原料的蜂蜜、蜂花粉等产品因为混有雷公藤碱及茅醇等有毒成分，易引起食物中毒。据统计，我国每年都有因食用有毒蜂蜜而造成食物中毒的事件。

3. 化学性食物中毒　此类中毒多数是由于亚硝酸盐等食品添加剂的误用造成的。

（二）预防食物中毒的方法

预防食物中毒的最佳方法是确保饮水及食物的卫生及安全。有以下几点需要注意：

（1）不要购买没有受到适当保护的食物，例如，挂在店铺外边的烧味、卤味和没有盖好的熟食等。

（2）不要光顾无牌饮食店和熟食小贩或从他们那里购买熟食或生冷食物，因为他们烹调食物的环境和方法大多不合卫生。

（3）生吃的食物（如刺身和生蚝），应从卫生和信誉良好的店铺购买，以确保品质优良。

（4）选购包装好的食品时，要注意包装上是否标明有效日期和制造日期，尽量不要购买没有标明日期的食品，因为无法证明食品是否仍在有效期内。另外，选购食品时也要注意是否存在包装变形、胀气、漏气等现象。

（5）一般的细菌只能存活于正常的室温，过高或过低的温度下，细菌不易繁殖，因此将食物充分煮熟，是保障饮食卫生的最好方式。

（6）将熟食物与生食物分开处理和储存(以免相互污染)。煮食方面所使用到的器皿、刀具、抹布、砧板也是细菌容易滋生的地方，所以需保持相关处理用具的清洁干净。但是一般市民却常忽略生食与熟食的食品器具分开使用的观念，应该使用两套不同的刀具、砧板分别处理生食和熟食，以避免交互污染。

（三）食物的储存

（1）准备好的食物应即时进食。细菌繁殖和产生毒素的主要因素是温度和时间，在适宜的温度和足够时间的条件下，细菌才能大量繁殖或产生毒素。因此，降低温度和缩短储存时间是预防细菌性食物中毒的一项重要措施。

（2）剩余的食物最好弃置，如果要保留，应在4℃或以下保藏。目前家庭保存食品的方式是利用冰箱，但要注意冰箱并不是万能的，千万不要把冰箱当做一个储藏室，冰箱内不可以存放太多东西，否则冰箱内冷空气无法正常循环，会降低冰箱温度下降的效果，造成冷藏食品的腐败。

（3）冰冻的肉类和禽类在烹调前应彻底解冻，再充分均匀加热煮透方可食用。已解冻的肉禽及鱼类不宜再次保存。鱼、肉等罐头食品保存期不得超过1年。

综上所述，预防食物中毒的原则就是新鲜、清洁、迅速、加热及冷藏。

（四）食物中毒自救

1. 呕吐　想吐的话，就吐出。出现脱水症状时要到医院就医，用塑料袋留好呕吐物或大便，带着去医院检查，有助于诊断。

2. 催吐　进餐后如出现呕吐、腹泻等食物中毒症状时，可用筷子或手指刺激咽部帮助催吐，排出毒物。也可取食盐20g，加开水200mL溶化，冷却后一次喝下，如果不吐，可多喝几次。还可将鲜生姜100g捣碎取汁，用200mL温水冲服。

如果吃下去的是变质的荤食品，则可服用"十滴水"来促使迅速呕吐。但因食物中毒导致昏迷的时候，不宜进行人为催吐，呕吐物容易进入气管，引起窒息。

3. 导泻 如果进餐的时间较长，已超过2～3h，而且精神较好，则可服用泻药，促使中毒食物和毒素尽快排出体外。可用大黄30g煎服，老年患者可选用元明粉20g，用开水冲服，即可缓泻；对老年体质较好者，也可采用番泻叶15g煎服，或用开水冲服，也能达到导泻的目的。

4. 解毒 如果是吃了变质的鱼、虾、蟹等引起食物中毒，可取食醋100mL，加水200mL，稀释后一次性服下。此外，还可采用紫苏30g、生甘草10g，一次煎服。若是误食了变质的饮料或防腐剂，可用鲜牛奶或其他含蛋白的饮料灌服。

5. 禁用止泻药 不要轻易服用止泻药，以免贻误病情。让体内毒素排出之后再向医生咨询。

6. 饮食 饮食要清淡，先食用容易消化的流质或半流质食物，如牛奶、豆浆、米汤、藕粉、糖水煮鸡蛋、蒸鸡蛋羹、馄饨、米粥、面条，避免有刺激性的食物，如咖啡、浓茶等含有咖啡因的食物以及各种辛辣调味品，如葱、姜、蒜、辣椒、胡椒粉、咖喱、芥末等，多饮盐糖水。吐泻腹痛剧烈者暂禁食。

7. 应急处理注意事项 当出现呕吐时，特别是有呕吐、腹泻、舌苔和肢体麻木、运动障碍等食物中毒的典型症状时，要注意：

（1）出现抽搐、痉挛症状时，马上将病人移至周围没有危险物品的地方，并取来筷子，用手帕缠好塞入病人口中，以防止咬破舌头。

（2）为防止呕吐物堵塞气道而引起窒息，应侧卧，便于吐出。

（3）呕吐时，不要喝水或吃食物，但在呕吐停止后应尽早补充水分，以避免脱水。

（4）留取呕吐物和粪便样本，送医院检查。

（5）如果腹痛剧烈，可采取仰睡的姿势，并将双膝弯曲，这样有助于腹肌紧张，缓解腹痛。

（6）注意腹部保暖。

8. 紧急送医　如果症状无缓解的迹象，甚至出现失水明显，四肢寒冷，腹痛腹泻加重，极度衰竭，面色苍白或发青，大汗或冒冷汗，脉搏虚弱，意识模糊，抽搐，以至休克，应立即送医院救治，否则会有生命危险。

一般来说，进食短时间内即出现症状，多是重症中毒。小孩和老人敏感性高，要尽快治疗。食物中毒引起中毒性休克，会危及生命。

五、消费者维权

《中华人民共和国食品安全法》第九十六条第二款规定："生产不符合食品安全标准的食品或者销售明知是不符合食品安全标准的食品，消费者除要求赔偿损失外，还可以向生产者或者销售者要求支付价款十倍的赔偿金。"

（一）收集保留维权证据

消费者在索赔时，需举证证明其与商家之间存在买卖合同关系以及商品包装标识不实的事实。大家在日常生活中，应当具有保存证据的意识，购物时注意索取、保存销售小票、发票以及产品包装、剩余产品等，以免因证据不足影响维权。消费者维权要搜集的证据应当满足两个证明目的。

1. 存在不安全食品　要证明存在不安全食品，应该保存没有食用完的食品连同包装、发现虫子的菜肴、发现含有超量添加剂或者含有未被许可使用的添加剂的食品包装等。

2. 不安全食品的提供者　包括生产厂家、销售商家、餐饮服务企业。而按食品外包装上印制的厂家名称、商家提供的购物小票、发票(附明细)、悬挂在经营场所的营业执照等都可以证明其为不安全食品的提供者。

但是光有这些证据还是不够的，因为不安全食品是否由特定的厂家或商家提供，还需要有证据把这两者衔接起来。在司法实践中把不安全食品和不安全食品提供者衔接起来有两种方式：

（1）办理现场公证　但是因为现场公证的费用较高，而且办理公证要约公证员到现场办理，路途遥远、程序复杂可能要花费较长的时间，因此，实践中较少采用。

（2）投诉　一定要及时，如果在食品生产环节，可以向质量监督部门投诉；在食品销售环节，可以向工商部门投诉；在餐饮企业就餐时，可以向食品药品监督管理局投诉。

（二）维权

需要搜集好相关证据，如单据、发票、电话录音等，还可以通过以下几种方式维护消费者的合法权益。

（1）拨打12315热线举报。

（2）向电视、报纸杂志等媒体揭发。

（3）向当地人民法院提起诉讼。

第二章　猪肉制品的安全选购与健康利用

俗话说"猪粮安天下"，猪肉的消费水平直观反映了我国居民的饮食消费水平。近年来虽然我国居民消费水平不断提高，但家庭居民肉类消费结构并未发生质的变化，猪肉依然是我国家庭居民肉类消费的最主要品种，是最主要的蛋白质摄取来源。据统计，2014年我国各种畜禽肉类消费占肉类总消费的比重为猪肉占56%左右、牛肉占6%、禽肉占24%、羊肉占3%、其他肉类占11%。农村猪肉消费则更高，达66%左右，牛肉占3%、禽肉占23%、羊肉占2%，其他肉类占6%。

目前，我国猪肉市场仍然以白条肉和热鲜肉为主。在白条和热鲜肉为主的消费市场背景下，如何安全选购猪肉及其制品，关系广大人民的身体健康。

第一节　猪肉制品的安全选购

一、猪肉制品的种类

作为我国最具历史传承的肉食品之一，猪肉产品的种类非常丰富。按照加工程度来分，猪肉可分为鲜肉制品和加工肉制品，其中，鲜肉制品主要是指白条肉和热鲜肉；加工肉制品又可分为初加工肉制品和深加工肉制品。初加工肉制品包括冷鲜肉、冷冻肉和预调理肉制品等；深加工肉制品包括传统的酱卤肉制品、腌腊制品、脱水制品、熏烤制品、罐头制品及灌肠制品等。

二、猪肉制品常见的选购误区

（一）异常猪肉的基本表现

1. 色泽异常肉

（1）黄脂　是脂肪组织中的一种非正常的黄染现象。眼观见皮下、网膜、肠系膜、肾周围等部位的脂肪和腹腔脂肪显深黄色，肌间脂肪组织的着色浓度则较浅，其他组织通常均不染色。

（2）黄疸　是机体发生大量溶血，某些中毒和全身感染过程，胆汁排泄发生障碍，致使大量胆红素进入血液，将全身各组织染成黄疸色的结果。特别是除脂肪组织发黄外，皮肤、黏膜、结膜、关节滑液囊液、组织液、血管内膜、肌腱，甚至实质器官，均染成不同程度的黄色。

（3）红膘肉　是由于充血、出血或血红素浸润所致，仅见于猪的皮下脂肪（彩图4）。

（4）黑变病肉　又称黑色素沉着，是指黑色素异常沉着在组织器官内，最常见于幼畜和深色皮肤的动物。

（5）PSE肉和DFD肉

①PSE肉：是指肌肉色泽发白、质地松软、表面有液汁渗出，又叫白肌肉（彩图5）。

②DFD肉：是指应激敏感猪，宰前肌肉糖原消耗殆尽，宰后肌肉pH高达6.5以上，形成暗红色、质地坚硬、表面（切面）干燥的干硬肉（彩图6）。

2. 气味异常肉

引起肉的气味和滋味异常的原因较多，主要由饲料、牲畜的性别、体内某些病理过程、宰前使用劣质芳香气味的药物以及肉储藏于有异味的环境中等所引起。

（1）饲料气味　当给猪长期喂食鱼粉，特别是脂肪较高的鱼粉时，猪肉和脂肪则具有不良鱼腥味，脂肪变软，且带淡黄色、褐色或灰色的色泽；当给猪长期大量饲喂厨房的废弃物或泔水，其肉和脂肪能够发出令人厌恶的污水气味，如果其中还有大量鱼的残羹废料，那么脂肪可带有鱼腥味，脂肪呈灰色或淡绿色。

（2）性气味　牲畜的性别可影响肉的气味和滋味。未阉割和晚阉割的公畜的肉脂肪常发出一种难闻的气味。屠宰牲畜性气味最显著的部位是颌下腺和领腮腺。

（3）病理气味　动物发生恶性水肿、气肿疽时，肉和脂肪有陈腐油脂的气味；肌肉存在腐败病灶时，发出令人厌恶的腐败气味；肾脏疾病时发出尿味；酮血症时发出恶甜味（丙酮味）；胃肠道疾病时，发出腥臭味。

（4）其他异常气味　药物气味、附加气味和变质气味等异于正常肉气味。

3. 羸瘦与消瘦肉

（1）羸瘦　是一种非病理状态。指猪体明显瘦小，但外表看来健康，没有明显的代谢障碍症状；皮下、体腔和肌间脂肪锐减或消失，肌肉组织萎缩，但器官和组织中不能发现任何病理变化。

（2）消瘦　是一种病理状态。其发生与某些病理过程或疾病有关。机体消瘦时，除可见脂肪耗减和肌肉萎缩外，还可见实质器官等其他组织的病变。值得注意的是对于严重消瘦的猪肉，必须进行鉴别诊断和细菌学检查。

（二）如何安全选购猪肉

1. 看

（1）仔细观察肉摊摊主自身的卫生状况以及肉摊和肉摊周围的卫生状况。肉品的卫生质量在一定程度上可以从摊主自身及肉摊的卫生质量上反映出来。

（2）看猪肉上是否有"检疫验讫章"的印章。这是经过兽医部门生猪屠宰前检疫和宰后检疫及屠宰厂检验合格后盖上的印章，没有此章的猪肉不可买。

（3）看胴体宰杀口的状态

①健康猪：宰杀口向两侧外翻，切面粗糙不平，其周围组织有较大的血液染区。

②急宰或病死猪：宰杀口不外翻，切面比较平滑，其周围组织血液浸染现象不明显。

（4）看放血程度

①健康猪：放血良好。肉呈红色或深红色，脂肪呈白色或乳白色，肌肉和血管紧缩，其断面不渗出小血珠，胸膜、腹膜、腹膜下的小血管不显露。

②急宰、病死猪：放血不良。肉呈暗红色或黑红色，肌肉断面上可见到个别的或多处的暗红色血液浸润区，并有小血珠，脂肪染成淡红色，胸膜、腹膜、腹膜下的小血管中含有瘀血或充满血液。

（5）看皮肤颜色

①健康正常屠宰的猪：皮肤表面光滑、无斑痕。

②急宰、病死猪：胴体卧位侧的皮肤组织呈现暗紫红色树枝状沉积性充血。

（6）看肉的颜色和状态　发暗、发黄、发白、发红、发黑、发绿肉等是市场上常见的色泽异常肉；此外"米猪肉"也可以通过肉眼观察辨别出来。

①发暗：该种肉表现为肌肉组织颜色发暗，是由放血不良引起。当切开肌肉时，可见到暗红色区域，挤压切面有血滴流出；脂肪组织内可见到毛细血管，甚至发生红染现象；颜色发暗的肉可能来自死猪、濒死期急宰的猪、败血性传染病或宰前过度疲劳、衰弱的猪（彩图7）。

②发黄：除脂肪组织发黄外，皮肤、肌腱，甚至实质器官均染成不同程度的黄色，这是黄疸肉的特征。黄疸肉，原则上不能作为食品食用。

③发白：注水肉和白肌肉均呈现肌肉发白的现象（彩

图8）。

　　注水肉：此类肉发肿、发胀、表面色淡，且非常湿润；销售注水肉的肉板都特别湿，吊挂的肉甚至仍有余水滴下。

　　白肌肉：轻者呈淡粉红色、表面苍白，状似鱼肉，肌肉有轻微的水肿；重者呈灰色，像水煮肉样，表层较深层严重，肌肉疏松、弹性差、切面突出且流出很多液体。

　　④发红：皮肤和皮下脂肪呈红色是红膘肉的特征，猪屠宰前已经处于患病或濒死状态是出现红膘肉的可能原因。

　　⑤发绿：在肉的表面长绿色苔状物，主要是毒霉属的霉菌寄生所致，此时的肉已经不新鲜了。

　　⑥米猪肉：在心肌、舌肌、腰肌、大腿肌肉见到麦粒至绿豆大的半透明小泡，外形似大米。"米猪肉"上的米粒状物是囊虫病的寄生虫虫卵，进入人体后会引起人体感染囊虫病，危害极大。

　　⑦含"瘦肉精"的猪肉：皮下脂肪很薄，肌肉颜色鲜红（彩图9），臀部丰满、肥大、结实，这些特征仅可以作为人们判断瘦肉精肉的参考。准确判断需要进一步的仪器分析得出。

　　2. 闻　健康屠宰的猪胴体及内脏器官，具有猪肉的正常气味，无其他任何异味。患尿毒症和肾疾患的猪肉可闻到尿臊味；患肠道疾病时，胴体发出腥臭味；砷中毒时，胴体具有大蒜味；腐败肉具有特异的尸臭味；未阉割的种猪肉有特异的性气味；长期饲喂剩汤、发酵的鸡粪、菜籽饼的猪，有难闻的腥酸味。

　　3. 触　主要用手按压肌肉和脂肪组织，检查其硬度和弹性，新鲜肉柔软而有弹性；开始腐败的肉或已变质的肉则失去弹性，而且肉表面发黏，肌肉组织脆弱；注水肉指压弹力较差，按压时常有多余水分流出，用手摸切口，湿且黏。

（三）如何安全选猪肉制品

市场流通的猪肉加工制品以包装制品为主，在选择这类猪肉制品时注意包装上的标签，关注产品名称、配料表、净含量和规格、生产日期、保质期、储存方式、生产厂家、厂址、食品生产许可证编号、产品标准代号等基本信息。如有储存条件不合适、保质期超期、生产日期更改或不清晰、生产厂家信息迷糊不清、生产地址不详等情况，谨慎购买。

在选购包装猪肉制品时还应该注意包装袋的完整性，当遇到有漏气、涨袋等情况发生时，谨慎购买。

第二节　猪肉制品的安全存储

一、猪肉制品常见的存储误区

（一）不排酸

热鲜猪肉是指经宰杀后不经冷却加工、直接上市的猪肉，也就是我国传统猪肉生产销售方式，一般是凌晨宰杀、清晨上市。热鲜肉是没有经过后熟（排酸）的肉，直接食用时肉的整体口感和风味均欠佳，一般要在-2 ~ 4℃条件下后熟（排酸）24 ~ 48h后，方能使肉质达到较佳的食用状态。不排酸直接冷冻是热鲜肉储存的误区之一。

（二）反复冻融

冷冻是肉类最好的长期保存方法之一。将肉类存储在-18℃条件下可以最大限度延长肉的保质期。肉在冷冻过程中，肌肉细胞内的水分会结冰形成冰晶，在解冻过程中，这些冰晶会刺破细胞，使细胞内液外流，形成汁液流失，从而对解冻后产品的品质造成影响。此外，4.4℃是微生物开始加速繁殖的临界温度，如果解冻过程温度高于4.4℃，解冻过程中会造成大量的微生物繁殖，从而引起肉的微生物污染。反复冰冻与解冻会加剧汁液流失和微生物污染的程度。因此，肉制品不宜反复冻融。

（三）混合储存

人们在市场上购买的热鲜肉在没有经过杀菌处理之前都是带菌的，在存储过程中与其他食品混合存放容易导致其他食品的污染。

生肉与熟肉制品应分区储藏，如果混合存放，则会出现串味、微生物交叉污染等现象，影响食用。

（四）储藏温度不合适

一般猪肉在 $-1 \sim 1$℃可保存 $3 \sim 7d$，$-18 \sim -10$℃可保存时间较长，通常为3个月。因此，在选择储藏温度时应根据储藏对象的实际情况选择合适的储藏温度。即使是选择冷冻，也不宜超过3个月。

（五）解冻方式不正确

1. 热水解冻　把冻肉泡在热水里，表面迅速升温、解冻，升到20℃以上，甚至有点变色了，而中间还是一块大冰核，可以称为一种"夹生"状态。这时候传热效率是最低的。马上拿出来，中间冰核还没有融化，继续热水浸泡，微生物迅速增殖。同时继续浸泡，泡肉水会变成混浊状态，其中溶解了大量肉的可溶性含氮物——是鲜味的重要来源，还包括水溶性的维生素B族。这种方法会损失相当多的可溶性含氮物（约5%）。

2. 冷水解冻　此方法比热水效果会稍好，但在几个小时的浸泡过程中，冷水也会溶出含氮物和维生素，只是溶出的数量比热水少一些。泡肉水中仍会滋生微生物，只是繁殖速度稍慢。

3. 室温自然解冻　是家庭常见的解冻方式，该方式操作简单，但是存在解冻时间长、容易滋生微生物等限制，不适于大块的冷冻肉制品解冻。

二、猪肉制品的安全储藏

（一）储藏前处理

将新购的猪肉放置于-2 ~ 4℃条件下后熟（排酸）24 ~ 48h，然后取出食用，或根据每次食用量的多少切成大小不同的肉块进行快速冷冻储存（尽量避免大块冷冻、大块解冻）。冷冻前要对冷冻区域进行分区，将生食区、熟食区严格分开。

（二）正确选择储藏方式

对短期内暂时储藏的肉制品，用保鲜盒直接存储在-2 ~ 4℃的冷藏室中，避免与其他熟食接触，进行冷藏。

需要冷冻储藏的肉制品，切分成大小不同的肉块，放入保鲜盒，置入-23℃的低温下，使其快速通过-5 ~ -1℃的冰晶形成温度区，快速冷冻，然后于-18℃冷冻储藏。

（三）合理选择解冻方式

肉类冷冻食品的解冻方法多种多样，有的人是将其放在室温中，有的是浸泡在温水中，有的则是直接入锅，其实这些方法都不科学。营养学家认为，食品解冻的温度、速度，应以能使食品内部结冰的水完全被食品吸收、不损坏食品营养为佳。快速解冻会使食品的蛋白质、维生素等营养成分受到损失，同时会加速生成致癌物——丙醛。但是如果化解过慢，则易导致细菌繁殖。因此，选择合适的解冻方式对于确保猪肉品质和微生物安全都具有重要意义。

1. 冷藏室解冻最理想 放在冷藏室中解冻是最理想的方法。虽然时间比较长，但可以最大限度保持肉的品质。可以在前一天晚上把肉从冷冻室中取出，放在一个塑料保鲜盒中，或者放在保鲜袋中，然后放在冰箱的冷藏室下层，最好是−1～1℃的保鲜盒中。这样肉不会马上从外面融化，而是在冰冻状态下整体升温，解冻均匀，解冻之后因为温度仍然在0℃附近，不会滋生大量微生物，没有含氮物的溶水流失问题，蛋白质在低温下也能保持柔嫩的状态。无论是从安全方面，还是口感方面都是较好的选择。

2. 微波炉解冻 微波炉的妙处是它可以由内而外地通过让水分子升温的原理来加热食物。只要选择其中的"解冻"（defrost）档，就可以在几分钟之内使较小的肉块解冻。在操作过程中一定控制好解冻时间，如果时间控制不好，肉块形状又不规则，结果很可能是一部分已经变色，另一部分还是冰块。微波炉解冻的具体操作要视解冻肉块的大小和形状而定，没有固定的方法。可以先设定一个比较短的时间，然后停几分钟，并给要解冻的肉块换个方向，让肉块温度均匀一些，再继续按1～2min的进度增加时间。最后的解冻目标不是彻底变软，而是保持部分冻结状态，但已经能用刀切得动。这时候取出来，既方便切割，又不至于滋生过多的微生物，而且不会因为过热而造成肉的口感变硬。

（四）注意细节

肉的储藏是一个需要注意操作细节的具体工作，储藏前考虑越全面、准备工作越充分，肉的储藏效果会越好。

冷藏的温度应控制在−2～4℃。肉类食品的结冰点温度为−1.7℃，在这一温度下是冷藏肉品保存的最佳温度；在进行肉的冷冻时应使肉的内部温度迅速通过−5～−1℃的冰晶区，避免细胞膜被冰晶刺破；为了避免肉块的反复冻融，将肉块根据每次食用量分块储存，尽量做到一次解冻一次用完；冷藏柜门应随时注意关闭（随手关门），避免柜内的肉类食品随着温度的不断变化而导致品质的下降；冷冻区域做到分区存放，避免生肉与熟食接触造成串味和交叉污染；肉块存放时要有盛放容器，避免因解冻汁液流淌污染其他食品；冷冻区域的生肉制品存储时间不宜过长，一般不超过3个月；熟肉制品进入冰箱前要彻底冷却，避免热的熟肉制品进入冷藏或冷冻区域（造成食品品质降低、冰箱温度波动、冰箱冷冻环境受到破坏）。

第三节　猪肉制品的健康食用

猪肉是我国居民肉类消费的主要品种，是重要的蛋白质摄取来源。

近年来，随着我国居民肉类消费量的逐渐增加，以及与肉类消费相关的各种慢性疾病的逐渐增多，消费者对猪肉的认识逐渐变得复杂起来。随着大家对健康饮食的关注程度逐渐增加，如何安全健康地食用猪肉及猪肉制品，已成为广大人民非常关心的问题。

一、猪肉的合理烹饪与搭配

我国养猪吃肉的历史悠久，因地域、生活习惯、民族习惯等的不同，猪肉消费习惯各不相同。西南地区的腌腊、东北地区的灌肠、中东部的酱卤等都非常具有区域代表性。

猪肉是人类的优质蛋白质来源之一，同时还提供必需脂肪酸、血红素（有机铁）和促进铁吸收的半胱氨酸、B族维生素等重要的营养物质。猪肉的合理烹饪与营养搭配对人们充分吸收利用这些营养物质具有重要作用。

（一）合理烹饪

无论吃什么肉，人们都感到炖煮得越烂越好。但是在200～300℃的高压锅温度下，肉中的氨基酸、肌酸肝、糖和无害化合物会发生化学反应，形成芳族氨基物质，这些由食物衍生的芳族氨基化合物中有些具有致癌作用。因此，长时间高温处理肉制品（高温、高压、油炸）是不健康的烹饪方式。

忌食用高温油炸的咸肉。咸肉及其制品含硝，油炸油煎后，会产生致癌物质亚硝基砒咯烷。因此，食用咸肉、香肠、火腿等食品时，忌煎炸。正确的食用方法是：把咸肉、香肠、火腿等食品煮熟蒸透，使亚硝胺随水蒸气挥发。

（二）合理的饮食搭配

从现代营养学观点来看，食用猪肉后不宜大量饮茶。因为茶叶的鞣酸会与蛋白质合成具有收敛性的鞣酸蛋白质，使肠蠕动减慢，延长粪便在肠道中的滞留时间，不但易造成便秘，而且还增加了有毒物质和致癌物质的吸收，影响健康。

豆类与猪肉不宜搭配食用，是因为豆中植酸含量很高，60%～80%的磷是以植酸形式存在的，植酸常与蛋白质和矿物质元素形成复合物，而影响二者的可利用性，降低利用效率。豆类与猪肉中的矿物质如钙、铁、锌等结合，会干扰和降低人体对这些元素的吸收。

二、推荐食用方法

（一）猪肉的等级分类

猪肉的等级分类方法很多，通常根据猪肉的部位进行等级分类最适于广大普通消费者使用（彩图10）。分类方法如下：
特级：里脊肉；
一级：通脊肉，后肩肉；
二级：前肩肉，五花肉；
三级：血脖肉，奶脯肉，前肘、后肘。

（二）不同部位猪肉的食用方法推荐

1. 里脊肉　是脊骨下面一条与大排骨相连的瘦肉。肉中无筋，是猪肉中最嫩的肉，可切片、切丝、切丁，作炸、熘、炒、爆之用最佳。

2. 臀尖肉 位于臀部的上面，都是瘦肉，肉质鲜嫩，一般可代替里脊肉，多用于炸、熘、炒。

3. 坐臀肉 位于后腿上方，臀尖肉的下方臀部，全为瘦肉，但肉质较老，纤维较长，一般多作为白切肉或回锅肉用。

4. 五花肉 为肋条部位肘骨的肉，是一层肥肉，一层瘦肉相夹，适于红烧、白炖和粉蒸肉等。

5. 梅花肉 肩里肌肉靠胸部的部位，肉质纹路是沿躯体走向延展，因此筋肉之间附着细细的脂肪，常见取来做叉烧肉或是煎烤。

6. 前排肉 又叫上脑肉，是背部靠近脖子的一块肉，瘦中夹肥，肉质较嫩，适于做米粉肉、炖肉。

7. 奶脯肉 在肋骨下面的腹部。结缔组织多，泡泡状，肉质差，多熬油用。

8. 弹子肉 位于后腿上，均为瘦肉，肉质较嫩，可切片、切丁，能代替里脊肉。

9. 肘子肉 南方称蹄膀，即腿肉。结缔组织多，质地硬韧，适于酱、焖、煮等。位于前后腿下部，后蹄膀又比前蹄膀好，红烧和清炖均可。

10. 脖子肉 又称血脖，这块肉肥瘦不分，肉质差，一般多用来做馅。

11. 猪头肉 适于酱、烧、煮、腌，多用来制作冷盘，其中猪耳、猪舌是下酒的好菜。

12. 夹心肉 适于前腿上部，质老有筋，吸收水分能力较强，适于做馅，制肉丸子。在这一部位有一排肋骨，叫小排骨，适宜作糖醋排骨，或煮汤。

（三）几款经典的猪肉菜品制作方法

1. 回锅肉 一种烹调猪肉的四川传统菜式，属于川菜系。

回锅肉一直被认为是川菜之首，川菜之化身，提到川菜必然想到回锅肉。它色香味俱全，颜色养眼，是下饭菜之首选。

（1）原料　猪后臀肉（俗称二刀肉）、青红椒、青蒜、郫县豆瓣酱。

（2）做法

准备：肉块冷水下锅，大火烧开，煮至八成熟，待肉凉后切成薄片，越薄越好，最好是肥肉部分晶莹剔透似见人影。

回锅：锅里略微烧热（注意一定不能有水），将切好的猪肉倒入锅里，中小火，慢煎。注意，锅里不能放油，猪肉下锅后关小火。这一步是靠热锅慢慢将肥肉里的油熬出来，同时将猪肉煎香。看着油脂慢慢将锅底浸润，漫过肉片，直至肉片在油脂中微微卷起而又不会干焦，似花瓣绽放。将卷曲的肉片盛出，留下油在锅里，在油中放入郫县豆瓣酱（豆瓣酱是此菜的必备佐料，无豆瓣酱无回锅肉。最好是选用四川郫县所产的豆瓣酱，味道更为正宗），略炒，再将肉片与之拌匀，放少许白糖。放入菜椒和嫩姜丝。菜椒熟软之后放入蒜苗，拌炒。根据个人口味放少许酱油、味精。出锅，装盘。

2. 糖醋排骨　是糖醋味型中具有代表性的一道大众喜爱的特色传统名菜。它选用新鲜猪小排作主料，肉质鲜嫩，成菜色泽红亮油润。

（1）原料　猪小排、料酒、香醋（不是白醋）、生抽、老抽。

（2）做法

焯水：小排500g焯水后，煮30min。

腌渍：用一汤匙料酒，一汤匙生抽，半汤匙老抽，两汤匙香醋腌渍20min，捞出洗净控水备用。

油炸：大火油炸，使小排炸制金黄色，注意油别放多，只要翻身就可以。

炖：锅内放排骨，腌排骨的水，三汤勺白糖，半碗肉汤大火烧开，调入少许盐提味。

焖：小火焖10min，大火收汁，收汁的时候最后加一汤匙香醋，使酸甜味更加协调。

起锅：出锅前撒葱花、芝麻、少许味精。

3. 红烧肉 是一道著名的大众菜肴，属于热菜。其以五花肉为制作主料，最好选用肥瘦相间的三层肉（五花肉）来做，在我国各地流传甚广，具有一定的营养价值，做法多达二三十种。

（1）原料：猪五花肉、白糖、酱油、醋、八角、桂皮、蒜、姜、盐、白酒。

（2）做法

准备：猪肉放进锅里加水煮5min，撇去浮沫。取出猪肉，切成小块。准备一大勺白糖，一小勺酱油，一小勺醋，八角1个，蒜6瓣，姜3片。

制糖色：锅里倒入适量油，烧到八成热。加入一大勺白糖，用勺子不停地搅拌，等白糖起大泡后，泡泡再下去，白糖融入油中立即倒入切好的猪肉块。不能早，也不能晚。一定要把握好，这个步骤是做出好吃的红烧肉最关键的一步。

上色：倒入肉块后，要不停地翻炒，直到肉块上糖色均匀。

入味：再倒入开水（一定要加开水，这一步是红烧肉软烂的最关键步骤），放入酱油、醋、八角、桂皮、蒜、姜，最后滴入几滴白酒。小火炖30min。

起锅：小火炖30min后放入盐，搅拌收汁，出锅装盘即可。

4. 东坡肘子 四川眉山地区经典的地方传统名菜之一，属于川菜系，制作材料主要是猪肘子。具有汤汁乳白、猪肘烂软、肉质细嫩、肉味醇香、有嚼头儿、肥而不腻等优点。东坡肘子与东坡肉一样，相传是因苏东坡对其的喜爱而出名，之后便成为了人们餐桌上常见的美食。

（1）原料 肘子1个、冰糖20粒、生抽四大匙、葱5根、姜一大块、料酒一大匙、精盐一小匙、味精半小匙。

（2）香料 桂皮1段、八角3个、香叶5片、丁香5粒、草果2个、肉豆蔻1个、芫荽籽半匙、花椒一大匙、陈皮一大匙。

（3）做法

准备：葱切段，姜切片，各种香料装入纱布包备用。

剔骨：将蹄膀刮洗干净，顺骨缝划一刀，加清水将其没过，加葱段、姜片和三大匙料酒，煮透后捞出，剔去肘骨。

制糖色：另取砂锅开中小火，投入冰糖，加小半碗水约100mL，溶解并熬至焦糖色，这个过程需10～15min。待糖色变成深琥珀色时，立即浇入大量热水，并把香料包投入略煮出香味。

炖：将肘骨垫在砂锅底部，肘子放入锅中骨上，放入剩下的料酒、葱段和姜片，加煮肘子的原汤至刚没过肘子。要一次加足，大火烧开。烧开后盖上盖子，用小火炖2h以上，直至用筷子轻轻一戳肉皮即烂为止。

收汁：捞出香料等杂物，并盛出一半的汤汁不用，在剩下的汤汁里倒入生抽，敞开盖，大火收汁。期间每隔几分钟舀起汤汁浇遍肘子表面，并不时地将其翻身，注意观察上色的均匀程度，整个过程约40min。

起锅：当汤汁开始变厚时，将肘子捞至盘中待用，锅中继续收汁至色深浓稠并起泡，浇到肘子上即可。

5. 红烧狮子头 也称作四喜丸子，是中国逢年过节常吃的一道菜，也是扬州经典的汉族传统名菜之一，属淮扬菜系。此菜特点是色金黄、鲜咸酥嫩、芡汁清亮、味道适口。

（1）原料 五花肉300g、马蹄（学名荸荠）100g、鸡汤1碗、生姜10g、白糖10g、花生油200g、生抽2汤匙、老抽半汤匙、料酒2汤匙、盐2g、鸡蛋1个（取蛋清）。

（2）做法

准备：马蹄去皮剁碎，生姜剁碎，五花肉剁成碎末。

制泥：将肉末与剁碎的马蹄和生姜放入盆中先搅拌，加入白糖、酱油、料酒、盐、花生油、蛋清拌匀，形成肉泥（搅拌肉馅的技巧：肉馅里先只加入花生油，最好直接用洗净的手来搅打肉馅，手的力度比筷子的力度更大些，操作也容易，待肉馅上劲儿后再加入酱油、料酒等调味料。这样做出来的丸子里面鲜嫩多汁，吃起来不柴不腻）。

制丸子：用手拿起来肉泥来回摔打约5min，使肉泥增加弹性，再将肉泥团成丸子。

油炸：开火油炸，待锅中的热油烧至六成热时，小心地放入锅中炸至表面金黄，炸好的丸子捞出来沥油。

炖：另取一口锅，鸡汤倒入锅中，倒入酱油、一小匙料酒和少许盐、白糖，放入丸子，中火烧开后转小火炖15min。调入水淀粉勾芡至浓稠即可出锅。

第三章 牛肉制品的安全选购与健康利用

牛肉是高蛋白、低脂肪的健康肉类，其富含蛋白质、肌氨酸、丙氨酸、肉毒碱、维生素B_6、维生素B_{12}，以及锌、铁、钾、镁等矿物质，同时是亚油酸等抗氧化剂的低脂肪来源。随着我国国民健康意识的提升、国内消费者人均可支配收入的增长、对牛肉分级理念的普及以及食品安全意识的提升，牛肉消费量亦不断上升，中高端牛肉市场不断扩容，普通牛肉的需求量也远超国内存储量。受消费升级和供不应求的影响，我国牛肉价格持续上升，而如何安全选购、安全存储和健康食用也成为目前国民对牛肉制品的客观要求。

第一节 牛肉制品的安全选购

一、牛肉制品的种类

牛肉制品的种类包括鲜牛肉及以鲜牛肉为原料经过一系列加工工艺制成的牛肉加工产品。加工产品主要包括脱水制品、腌腊制品、酱卤制品、牛肉熏烤制品、蒸制品、牛肉罐藏制品、牛肉香肠制品、煮焖煨炖烩制品、烧制品、煎炒制品、烤制品、炸制品、牛蹄筋制品、内脏制品、牛肉糕点和其他制品等。

（一）鲜牛肉

鲜牛肉主要包括热鲜牛肉、冷鲜牛肉及冰鲜牛肉，其中热鲜牛肉是市场上最常见的牛肉种类。

（二）牛排

牛排，或称牛扒，是块状的牛肉，是西餐中最常见的食物之一。牛排的烹调方法以煎和烧烤为主。

牛排的种类非常多，常见的有以下4种，以及一种特殊顶级牛排品种（干式熟成牛排）。

1. 菲力牛排 牛脊上最嫩的肉，几乎不含肥膘，肉质特别嫩。

2. 眼肉牛排 牛肋上的肉，瘦肉和肥肉兼而有之，由于含一定肥膘，这种肉煎烤味道比较香。

3. 西冷牛排 又叫沙朗牛排，是牛外脊上的肉，含一定肥油，在肉的外延带一圈呈白色的肉筋，总体口感韧度强，肉质硬，有嚼头，适合年轻人和牙口好的人吃。

4. T骨牛排 亦作丁骨，呈T形（或"丁"字形），是牛背上的脊骨肉。T形两侧一边量多一边量少，量多的是西冷，量稍小的便是菲力，中间被肋骨隔着。此种牛排在美式餐厅更常见，由于法餐讲究制作精致，对于量较大而质较粗糙的T骨牛排较少采用。

（三）脱水制品

脱水制品包括牛肉干、牛肉脯、牛肉松和灯影牛肉，见彩图11。

1. 牛肉干 牛肉经切割、煮制、脱水而成的肉制品，按味道可分为五香牛肉干、咖喱牛肉干、麻辣牛肉干、果汁牛肉干、蚝油牛肉干等，形状也有片、条、丁、丝之分，在风味和形状上各种牛肉干各具特色，如河南、山东、江苏、陕西、湖南、黑龙江、四川等地的牛肉干都有其独特风味，但加工方法基本相同。

2. 牛肉脯 将牛肉经过处理、切片、腌制、烘干和烤制而成，最后按规格切好的肉片，其成品呈茶褐色，光泽鲜艳，薄厚均匀，肉质松脆，不带筋膜，味道清香，较为有名的有天津牛肉脯、靖江牛肉脯、汕头牛肉脯、广东的辣椒牛肉脯、北京的百果牛肉脯、江苏的六合牛肉脯、安徽的安庆五香牛肉脯等。

3. **牛肉松**　将牛肉去掉筋膜、外膘，切成块煮制后炒松，成品色泽红褐，呈绒絮状，质干松软，香甜鲜美，酥软易化，具牛肉香气。

4. **灯影牛肉**　四川达县的著名特产，其肉片薄如纸，灯照透影，故此得名。

（四）腌腊制品

腌腊制品是将牛肉经过腌制、酱渍、晾晒、烘烤等工艺制成的生肉类食品，有牛肉盐水火腿、咸牛肉、咸牛肉腿、腊牛肉、五香腊牛肉、牛干巴、干牛肉和盐水牛肉等。

（五）酱卤制品

酱卤制品是指牛肉加调味料和香辛料，加水煮制而成的熟肉类制品，有酱牛肉、卤牛肉、煨牛肉、蜜汁牛肉、糟牛肉、牛肉方、五香牛肉和卤牛肝等，见彩图12。

（六）熏烤制品

熏烤制品是指牛肉经过腌煮后，以烟气、高温空气、明火或高温固体为介质的干热加工制成的熟肉类制品，有熏牛肉、五香熏牛肉、樟茶熏牛柳、马癫子干牛肉、熏牛舌、烤牛肉、五香烤牛肉、烤牛肉扒、烤牛里脊、西式烤牛肉和牛肉培根等，见彩图13。

（七）罐藏制品

罐藏制品是将牛肉经过成熟和解冻，将牛肉分割整理，经过预煮、油炸、腌制、装罐、排气和密封、杀菌和冷却等，最后成为可健康食用的罐头制品。罐藏制品包括清蒸牛肉罐头、浓汁牛肉罐头、咸牛肉罐头、红烧牛肉罐头、咖喱牛肉罐头、牛尾汤罐头、牛舌罐头、柱候牛杂罐头、酱牛肉罐头、五香牛肉罐头、腊香牛肉软罐头和腌牛肉软罐头等。

（八）香肠制品

香肠制品是以牛肉或牛内脏为主要原料，将原料整理后切肉制馅，经过灌肠、排气、分节、漂洗和烘制，将香肠冷却，在经质量检验合格后即可食用。香肠制品品种繁多，有中式牛肉香肠、西式牛肉香肠、法兰克福肠、维也纳香肠、色拉米肠、土豆肠、牛舌肠、牛血肠、牛肝肠、牛脑肠和熏干肠等。

（九）各式菜肴

1. **蒸牛肉**　蒸制品较为常见的为粉蒸牛肉，其他还有小笼牛肉、南糟牛肉条、盐水牛肉、大伞牛肉、火鞭子牛肉、龙眼牛头、云腿扒牛头和香荷仔盖等。

2. **炖牛肉**　煮焖煨炖烩制品中包括了煮制品、焖制品、煨制品、炖制品和烩制品。煮制品常用的是水煮牛肉、盐水牛肉、白牛肉、干拌牛肉、牛肉火锅、冻牛肉和牛肉胶等。焖制品有红焖牛肉、黄焖牛肉、蔬菜焖牛肉、糖醋牛肉、罐焖牛肉、陈皮牛肉和红焖牛楠等。煨制品有煨牛肉、黄煨牛肉、红煨牛肉、栗子煨牛肉和火柿煨牛肉等。炖制品有炖牛肉、炖牛腩、香辣牛肉、砂锅炖牛肉和清炖牛尾等。烩制品有烩牛肉、番茄烩牛肉、啤酒烩牛肉、杂烩牛肉和酸菜烩牛肉等。

3. **烧牛肉**　烧制品常见的是烧牛肉、烧牛腩、红烧牛肉、红烧牛尾、红烧牛鞭、水果烧牛肉、蚝油牛肉、陈皮牛肉、五香牛肉和咖喱牛肉等。

4. **炒牛肉**　常见的是煎炒制品、炸制品、牛蹄筋制品、内脏制品、牛肉糕点、牛肉羹、牛肉粥和其他制品等。

二、常见的劣质牛肉种类

（一）注水牛肉

注水牛肉是指部分不法人员，在屠宰前一定时间强行给动物灌水（注水可达净重量的15%～20%），以增加重量的生牛肉。注水肉颜色一般比正常肉色浅，表面不黏，放置后有相当的浅红色血水流出（彩图14）。

（二）假牛肉

假牛肉通常用猪肉来造假。有一种做法是将猪肉反复注水，然后投入大锅中与牛头、牛杂、牛下水等同煮，待七八分熟时捞起，稍冷后进行压缩，制成假牛肉。由于反复注水，纤维粗大像牛肉，普通群众难以识别。

还有用牛肉膏来伪装的假牛肉。其做法是将牛肉膏按照1：50的比例与猪肉等造假原料肉混合浸泡，使牛肉浸膏的味道均匀涂抹在造假原料肉表面，以此迷惑消费者。

最恶劣的假牛肉是人造牛肉。不法分子用鸡蛋蛋白、魔芋粉、食盐、谷氨酸等原料，再添加调味辅料，制成浆料，然后经喷丝头挤压、热压等工艺，经冷却后即制成人造牛肉。这种牛肉中含多种非食用加工原材料，安全隐患较高。

（三）变质牛肉

变质牛肉指因为储藏环境条件、储藏时间等因素不当造成所储藏的牛肉及其制品发生微生物污染，使其色、香、味等失去牛肉应有的特点而不适于食用的牛肉。如果表面湿润而粘手，肌肉色暗，脂肪变得不透明、不洁白，表面用指压下去不能复原，甚至发霉变色，带有臭味，这便是变质的牛肉。

三、牛肉制品常见的选购误区

（一）错误地选择"低价"的牛肉制品

不法人员将超期的、注水的、包冰的、超规格的、非法添加的、双氧水或硫黄美容的、无安全保障的牛肉或者牛肉制品提供给消费者时，价格一般会比较低。在采购过程中，由于大多数人对肉品供应格局并不了解，也不知道各个肉品品质、规格的差异，大多时候选择低价购买。商业上有个基本逻辑"便宜没好货"，这是基本常识，但人都有"物美价廉"梦想，这种消费误区，也是导致"假冒伪劣"食品盛行的主要原因。低价的产品一般通过偷工减料、短斤少两、以次充好来实现；在选购时，只有选择经检验合格的牛肉，选择有品牌的牛肉制品，选择透明合理的价格，食品质量才会得到保障。

（二）错误地选择缺乏肉品知识与卫生意识的供应商

有些供应商由于缺乏肉品的基本知识，对于热鲜肉、冷鲜肉与冻肉的区别，肉品成熟期，肉品的最佳风味期等上述概念不甚了解；对于"货证同行"应索取哪些正规手续，为什么肉品不能反复速冻，肉品会有哪些寄生虫或致病菌等基本常识不够清楚，导致储存过程不规范，产品质量在存储过程中出现波动。常见现象有：接触肉品的人未通过健康体检、操作间蝇鼠穿行、发热员工坚持工作、加工人员戴戒指操作、黑色垃圾袋或红色塑料袋直接装肉送货、切肉砧板污秽异味等，将外来细菌与重金属、致癌有机物都沾污到消费者要食用的牛肉制品中。

（三）错误地选择不正规的供应商

有些供应商由于自身的资金、人员、管理等方面的问题，自身没有采购供应、品控管理、仓储配送、电脑网络监管系统，供应保障与风险管理均处于无序状态。这样的供应商因为其采购源头、中间过程均难以保证，所以很难确定牛肉及其制品的产品质量。

四、牛肉及其制品的安全选购

（一）选择可靠的销售商、生产厂家和品牌

规范企业生产的产品包装上应标明品名、厂名、厂址、生产日期、保质期、执行的产品标准、配料表、净含量、食品生产许可证"SC"或"QS"标志等。尽量到信誉较好的大商场或大超市购买，选购知名品牌产品，可靠的销售商具有正规的进货渠道，产品质量比较有保证，而可靠的厂家生产的产品原料、卫生状况和添加剂量相比其他企业要规范些。

（二）查看包装和生产日期

尽量选择真空包装、表面干爽、无异味的产品，要查看包装有无破损。尽量挑选近期生产的产品。生产时间早的产品，虽然是在保质期内，但香味、口感也会稍逊。而熟肉制品是直接入口的食品，不能受到污染。包装产品要密封，无破损。不要在小贩处购买不明来历的散装肉制品，这样的产品容易受到污染，质量无保证。

（三）要选择色泽纯正的产品

在肉制品加工过程中，为了使产品（如火腿）呈现漂亮的红色，往往加入适量的"发色剂"——亚硝酸盐。该物质适当使用时可以使肉类显现粉红色泽，但是过量使用时会对人体产生毒害。各种口味的产品有它应有的色泽，色泽太艳的产品可能被人为加入了人工合成色素或发色剂亚硝酸盐。即使是在保质期内的产品，也应注意是否发生了霉变。

（四）尽量选择新鲜肉类食用

牛肉及其肉制品在加工过程中，不可避免会使用发色剂、着色剂、水分保持剂、防腐剂和增味剂等，这些添加剂在一定范围内是安全的，但是一旦超标，会对消费者身体健康或多或少地造成伤害，因此食用新鲜牛肉无疑是最好的选择。牛肉的新鲜度主要从以下几个方面鉴别。

1. 色泽

（1）新鲜肉　肌肉呈现均匀的红色，具有光泽，脂肪洁白色或呈乳黄色（彩图15）。

（2）次鲜肉　肌肉色泽稍转暗，切面尚有光泽，但脂肪无光泽（彩图16）。

（3）变质肉　肌肉色泽呈暗红，无光泽，脂肪发暗直至呈绿色（彩图17）。

2. 气味

（1）新鲜肉　具有鲜牛肉的特有正常气味。

（2）次鲜肉　稍有氨味或酸味。

（3）变质肉　有腐臭味。

3. 黏弹性

（1）新鲜肉　表面微干或有风干膜，触摸时不粘手；指压后的凹陷能立即恢复。

（2）次鲜肉　表面干燥或粘手，新的切面湿润；指压后的凹陷恢复较慢，并且不能完全恢复。

（3）变质肉　表面极度干燥或发黏，新切面也粘手。指压后的凹陷不能恢复，并且留有明显的痕迹。

4. 肉汤

（1）优质冻牛肉（解冻肉）　肉汤汁透明澄清，脂肪团聚浮于表面，具有一定的香味。

（2）次质冻牛肉（解冻后）　汤汁稍有混浊，脂肪呈小滴浮于表面，香味鲜味较差。

（3）变质冻牛肉（解冻后）　肉汤混浊，有黄色或白色絮状物，浮于表面的脂肪极少，有异味。

第二节　牛肉制品的安全存储

一、牛肉及其制品常见的存储误区

（一）错误地认为牛肉放在冰箱里可以久存

牛肉在冷冻过程中，随着储藏时间的延长，其重量和质量都要发生变化。由于长期储藏，肉的表面微小冰晶的升华，使肉的重量减少，造成干耗。同时，随储藏时间的延长，其氧化作用发生，脂肪氧化酸败，肉色变暗，降低牛肉感官品质和营养价值。因此，冰箱中牛肉也不宜久存。

（二）错误地认为冷藏和冷冻能灭菌

家庭冰箱的细菌污染问题非常严重，嗜低温细菌可以在0～5℃甚至更低的温度环境下存活，而未加工的牛肉类食物本身就带有细菌，即使加工好的食品，如酱卤类、烧烤类、凉拌菜、糕点类等食品也是带菌的，即使存放于冰箱，也不能起到灭菌的作用。冰箱的低温并不能把细菌冻死，只是抑制其繁殖，细菌仍然活着，取出后在室温下很快会生长繁殖。若冰箱内食物杂乱堆放，则大大增加食物交叉污染的概率，增加食物中毒风险。

（三）错误地认为保存食物温度越低越好

不同食物有各自储存的适宜温度，如果要长时间保存，可放在-18℃进行冷冻。若只存放2～3d，则可放在-2～5℃进行冷藏，过低温会破坏肉质营养结构。

二、牛肉制品的安全存储

（一）低温保藏法

肉制品的保藏方法较多，以低温储藏法比较普遍，即肉的冷藏，在冷库或冰箱中进行，是肉和肉制品储藏中最为实用的一种方法。

1. **冷藏**　肉的冷藏，是一种很常见的食物保存方法，除了可大幅度降低食物化学反应的腐坏速度外，还可以阻碍微生物的滋生，延长食品的最佳食用日期。根据肉的冷藏方式，可将肉分为冷却肉和冷冻肉。冷却肉主要用于短时间存放的肉品，即肉在放入冷库前，先将库温降到-4℃左右，肉入库后，保持-1～0℃，将肉冷却24h，使肉中心温度至0～1℃。冷却肉的表面可形成一层干膜，以阻止细菌生长和减缓水分蒸发，从而延长保存时间，一般可保存5～7d。

2. **冷冻**　冷冻肉比冷藏肉更耐储藏，一般采用-23℃以下的温度，将肉品进行快速、深度冷冻，使肉中大部分水冻结成冰，并在-18℃左右储藏。目前多数冷库采用速冻法，即将肉放入-40℃的速冻间，使肉温迅速降低到-18℃以下，然后移入冷藏库。该方法对肉制品的品质影响相对较小，解冻后能恢复原有的滋味和营养价值。

（二）气调保鲜法

气调保鲜法是使用机械设备来进行人为的冷库储藏气体的环境控制，从而实现肉质保鲜的要求，准确按照不同肉制品控制不同气体的浓度，调节肉制品的呼吸作用，控制温度和湿度。温度可保持与冷库一样的或略高于冷库内的高度，以防止食物的低温伤害。气体条件和低温的结合，可以使食物的保鲜效果比普通冷藏或冷冻显著提高，保鲜品质如颜色、硬度、口味等提升。气调保鲜常用的气体主要有二氧化碳、氧气、二氧化硫和二氧化氮等。对于新鲜的肉制品，低氧或不含氧可以抑制氧化性变质和需氧微生物的生长繁殖，但也会使肉制品失去鲜红的色泽，因此，对含肌红蛋白的生鲜产品，常将环境气体的氧含量提高到总组成的80%左右，而对不含肌红蛋白的动物产品，则尽量减低氧含量，如用100%的氮气充气包装热处理过的瘦肉。对于肉制品来说，提高环境的二氧化碳浓度也能抑制腐败微生物的生长，而且随着二氧化碳浓度的进一步提高，这种作用会增强。

（三）辐照保藏法

辐照保藏法是人类利用核技术开发出来的一项新型的食品保藏技术，已逐渐应用于食品保藏中。食品经过 γ 射线或电子加速器产生的电子束（最大能量 10）或 X 线（最大能量 5 MeV）的辐照，能抑制发芽、推迟成熟、促进物质转化、杀虫灭菌和防止霉变等，以达到保鲜和提高产品质量的目的。食品辐照具有节能、效率高、不升温、安全可靠和保持食品良好感官品质等优点。

（四）发酵保藏技术

发酵保藏技术即在自然条件或人工控制条件下，利用微生物或酶的发酵作用，使肉制品发生一系列生化或物理变化，生成具有特殊风味、质地和色泽，以延长肉制品的保存期。该方法可促进发色，防止肉制品氧化变色，使肉制品呈现特有的色泽，抑制病原微生物的生长和毒素的产生，提高肉制品的安全性，延长产品的货架期。

（五）干燥保藏技术

干燥保藏技术就是通过一定的方式将肉制品中的水分活度降低到一定程度，使食品在一定时期内不受微生物作用而腐败，同时控制肉制品中生化及其他反应的进行，维持食品的品质和结构不发生变化。

（六）冰温技术

冰温技术是在不破坏食物细胞的前提下，对有害物质及各种活性酶进行抑制，降低食物的呼吸活性，提高食物的品质。每种食品有适应于自身的冰温带，在该温度区间内保存的食品可以长时间下基本保持刚刚获取时的新鲜度，在进行了熟化、发酵、浓缩、干燥等加工步骤后，往往能够获得比刚刚采摘时更优良的口感。因而冰温机理主要包含两个方面，一是将食物的温度保持在自身冰温带范围内，以保持其细胞的活体状态；二是当食物的冰点过高时，降低其冰点，扩大其原有的冰温带。因此，冰温技术不仅解决了食品长期储藏的问题，而且提升了食品的商品价值，满足了消费者对于食品新鲜程度与日俱增的要求。

第三节　牛肉制品的健康食用

一、牛肉的合理烹饪与搭配

（一）不同部位的牛肉

常见的牛肉可来源于肉牛、黄牛、水牛、牦牛、乳牛等几大类，其中以肉牛、黄牛肉为最佳。按烹调的需要，牛肉可以分为以下烹调部位。

（1）脖头　即牛颈肉，肉丝横顺不规则，韧性强，适于制馅。

（2）短脑　在扇形骨上方，前边连着脖头肉，层次多，间有脂膜，适于制馅。

（3）上脑　位于短脑后边，脊骨两侧，外层红白相间，韧性较强，里层色红如里脊，质地较嫩，适于熘、炒和制馅。

（4）哈利巴　位于前腿扇形骨上，外面包着一层坚硬的筋膜，里面筋肉相连，结缔组织多，适于炖、焖等。

（5）腱子肉　即前后腿肉。前腿肉称为前腱，后腿肉称为后腱，筋肉呈花形，适于炖、焖、酱等。

（6）胸口　两肢前腿中间胸脯肉，一面是脂肪，一面是红色精肉，纤维粗，适于熘、扒、烧等。

（7）肋条　位于肋条骨上的肉，肉层较薄，质地较嫩，适于清蒸、清炖及制馅。

（8）弓扣　即腹部肚皮上的肉，筋多肉少韧性大，弹性强，适于清炖。

（9）腰窝　两条后腿前，紧靠弓扣后的腹肉，筋肉相连，适于烧、炖等。

（10）外脊　上脑后中脊骨两侧的肉，肉质细嫩，可切片、丁、丝，适于熘、炒、炸、烹、爆等。

（11）里脊　脊骨里面的一条瘦肉，肉质细嫩，适于滑炒、滑熘、软炸等。

（12）榔头肉　包着后腿骨的肉，形如榔头，肉质较嫩，适于熘、炒、炸、烹等。

（13）底板肉　两侧臀部上的长方形肉，上部肉质较嫩，下部连着黄瓜条，肉质较老，适于做锅包肉。

（14）三岔肉　又称米龙，臀部上侧靠近腰椎的肉，肉质细嫩，适于熘、炒、炸、烹等。黄瓜肉连着底板肉的长圆形肉，肉质较老，适于焦熘、炸烹等。

（15）黄瓜肉　连着底板肉的长圆形肉，肉质较老，适于溜、炸等烹饪方式。

（16）仔盖　即臀尖上的肉，肉质细嫩，可切丁、片、丝，适于滑炒、酱爆等。

（17）牛腰　适于扒、烤、煎等。

（18）牛肝　适于煎、炒等。

（19）牛尾　适于黄烩、制汤等。

（20）牛脑　适于煎、炸等。

（21）牛胃　适于黄烩、白烩、涮等。

（22）牛骨髓　用于菜肴的制作。

（23）牛舌　适于烩、焖等。

（二）搭配

1. 适宜搭配　烹制牛肉时所选择的搭配方式也是有一定讲究的。牛肉与不同的食材搭配有不同的功效，如牛肉配番茄，就是最佳的补血养颜、美容护肤食品，牛肉中丰富的优质蛋白，可以有效改善血虚症状；牛肉配鹿肉，补肾效果最佳，非常适合用脑过度、早衰的人；牛肉单吃或配熟地、枸杞、桑葚等，能够改善肾虚引起的脱发；配合黄芪，补气效果最好；配合山药能强健骨骼；配合天麻可以降压，配合虫草可以提高免疫力等。牛筋也是比较上等的补品，可以强筋健骨，特别适合于腰腿疼痛的老年人或骨折后的病人，搭配杜仲一起炖着吃，对于手脚麻木、腰腿疼痛有非常好的食疗作用。

2. 不宜搭配　吃牛肉只有搭配得当才能吃得健康。但也有一些食物不适宜长时间与牛肉共食。

（1）韭菜　具有补脾胃、益气血的功效，而牛肉对人体的好处也有诸多方面，将牛肉与韭菜搭配按理来说会有更好的效果，但中医认为，牛肉与韭菜均是大辛、大热、助火之物，同时食用易引起口腔和牙齿炎症。

（2）生姜　具有特殊的香辣味，常常作为佐料用于我们的日常饮食，生姜性味辛温，阴虚和内热者食用需要禁忌。牛肉性味甘温，将牛肉中加入生姜配食，会使体内产生热火，导致各种热痛症状，需要忌口者更需注意。

（3）猪肉　微寒酸冷，有滋腻阴寒的效果，而牛肉气味甘温，可补脾胃、安中益气、壮腰脚，因此，猪肉与牛肉共食，性味有所抵触，一冷腻虚人，一补中脾胃，二者一寒一温，对身体无益。

（4）白酒　属于大温之品，而牛肉甘温、补气助火，在饭桌上经常能够遇到喝白酒吃牛肉的现象，但两者相配会使人上火，引起牙齿发炎的症状。

（5）田螺　含有丰富的蛋白质、维生素A、铁及钙，对黄疸、痔疮、目赤、脚气等有较好的食疗作用，但牛肉与田螺搭配，不易消化，会引起腹胀。

（6）板栗　淀粉含量高，且板栗淀粉容易转化成为抗性淀粉而不易被人体消化；牛肉因其肌纤维较粗，也不易消化。当牛肉与板栗搭配时，两种都不易消化的食物同时食用会增加人体胃肠道的负担，造成肠胃不适。

（7）红糖　含有苹果酸、烟酸等有机酸以及锰、铬等微量元素；牛肉与红糖搭配会引起有机酸与牛肉中的蛋白以及部分微量元素之间发生螯合反应，形成不能消化吸收的螯合物而引起腹胀等不适症状。

二、推荐食用方法

（一）酱牛肉

1.原辅料

原料：牛腱子500g。

辅料：酱油100g，甜面酱50g，大葱50g，鲜姜50g，肉料235g（其中，花椒50g，大料10g，楂皮10g，丁香2g，陈皮5g，白芷5g，砂仁5g，豆蔻5g，大茴香2g，小茴香2g，将各种香料加水适量熬制而成），大蒜10瓣，精盐2g，香油25g，牛肉汤适量。

2.制作

（1）准备　将牛腱子洗净，顺肉纹切成拳头大小的块，入沸水中焯透，去净血沫后捞出。

（2）制酱　将大蒜、生姜洗净，切成块，与精盐、酱油、面酱、白糖、料酒、香油、肉料一起入锅中，加牛肉汤烧开，煮成酱汤备用。

（3）酱制　将牛腱子肉入酱汤锅中，酱汤以漫过牛肉为准，用旺火煮5～10min，改微火焖2～3h，期间勤翻肉块，使之受热均匀，待汤汁渐浓、牛肉用筷子可插透时捞出，晾凉后切成薄片，装盘即成。

（二）番茄炖牛肉

主原料是番茄和牛肉，西红柿含有较高的蛋白质、糖类以及铁、钙、磷等多种人体所必需的矿物质和多种维生素；是一道味道浓厚、鲜美酸甜的美味佳肴；牛肉中的肌氨酸含量比任何其他食品都高，这使它对增长肌肉、增强力量特别有效。

1. 原辅料

原料：牛肉400克，西红柿2个，洋葱1个。

辅料：香菜少许，大蒜、食盐、水、食用油、黑胡椒适量。

2. 制作

（1）准备　将牛肉切块后在清水中浸泡10min后捞出控水备用，西红柿洗净去蒂切块，洋葱去皮切小块，大蒜取2瓣后切片备用。

（2）炒　锅中倒油，油热后倒入蒜片与洋葱块炒出香味，洋葱微微发软后倒入牛肉块继续翻炒，炒至牛肉表面变色，撒入黑胡椒。

（3）炖煮　加两碗水将所有材料淹没后开大火煮沸，然后转小火炖煮1h，在此过程中注意翻炒和加水，以免粘锅，也可以使用高压锅炖煮约30min。

（4）收汁　牛肉炖煮至八分熟后加入西红柿块，可以用勺子搅拌并将西红柿适量压碎，以有助于溶入汤汁中，可以根据自己的喜好控制留下汤汁的多少，炖熟后关火撒入少许香菜调味即可食用。

（三）茴香牛肉

茴香牛肉是一道传统牛肉菜肴，具有止咳化痰、健脾益胃之功。

1. 原辅料

原料：牛肉400克。

辅料：小茴香15g，白芝麻200g，奶油、酱油、白糖适量。

2. 制作

（1）材料准备　将牛肉去筋膜，洗净，切块；芝麻炒熟，研成粉末；茴香洗净炒焦研粉末备用。

（2）拌　将切好的牛肉放入芝麻粉中搅拌，使芝麻粉附在牛肉上，放置2h待用。

（3）收汁　锅上火放入奶油，以旺火熬熔，加入拌有芝麻粉的牛肉速炒片刻，加适量清水煮沸，放入酱油、白糖调味，再以小火煮约30min，待汤汁黏浓时出锅，盛入碗中，撒入茴香粉即成。

（四）土豆烧牛肉

1. 原辅料

原料：牛肉250g，土豆250g。

辅料：料酒15g，酱油30g，食用油50g，精盐10g，味精2g，胡椒粉2g，白糖15g，姜10g，葱10g，蒜末10g，青椒30g，香辣酱20g，湿淀粉30g，肉汤500g。

2. 制作

（1）准备　将牛肉切成3cm见方的块，入沸水锅中焯透捞出，土豆去皮洗净切成滚刀块，葱切段，姜拍松成块。

（2）炖　锅内放油，油四成热时(家里普通的煤气大约加热2min，视油量而定)放入葱姜炝锅，加入牛肉、酱油、花椒煸炒，再加入料酒、白糖、大料烧沸后，火关小，炖至八成熟，放入过油后的土豆。

（3）起锅　待牛肉和土豆熟烂时，放葱，姜，蒜和大料，加入鸡精、味精，用旺火烧沸，淋入湿淀粉勾芡，淋入调味油，起锅入盘即成。

功效：具益胃健脾、补气通便之功效。

（五）黄焖牛肉

1. 原辅料

原料：牛肉(瘦)200g。

辅料：香油50g，淀粉(玉米)30g，料酒10g，酱油25g，味精3g，大葱25g，大蒜(白皮)15g，姜15g，八角2g，盐2g。

2. 制作

（1）将熟牛肉切成8cm长、2.7cm宽、0.7cm厚的条，坐锅上火，放入香油烧热，放入大料、葱段、姜片、蒜片煸炒出香味，烹入料酒，加入高汤、酱油烧开。

（2）捞出佐料，将牛肉整齐地推入，用微火煨入味至透，移至旺火，调入味精，出锅将牛肉摊码在汤盘中。

（3）原汤上火烧开，撇去浮沫，调好色、味，用水淀粉勾芡，淋入香油，浇在牛肉上即成。

第四章 羊肉制品的安全选购与健康利用

羊肉在《本草纲目》中，是被称为"补元阳益血气"的上佳补品，秋冬季节吃羊肉可驱散寒冷、温暖心胃。羊肉肉质细嫩，易消化，并且含有丰富的蛋白质、矿物质及维生素。

第一节 羊肉制品的安全选购

一、羊肉制品的种类

目前，市面上羊肉产品种类众多，但归纳起来主要有以下几类（表4-1）。

表 4-1 羊肉制品的种类

类别	典型产品
鲜、冻羊肉	鲜羊肉、冻羊肉、冻羊肉卷
腌腊类羊肉制品	腊羊肉、咸羊肉、腊羊排、羊肉香肠、羊肉粉肠、羊肉红肠、羊肉火腿
酱卤类羊肉制品	卤羊肉
烧烤类羊肉制品	烤全羊、新疆羊肉串
干羊肉制品	羊肉干、羊肉松、羊肉脯
罐头类羊肉制品	羊肉罐头、羊肉灌肠
调理类羊肉制品	速冻调理羊肉串、预调理羊肉菜肴
其他	白切羊肉、羊杂、羊肉汤

二、羊肉制品常见的选购误区

（一）异常羊肉的基本表现

1. 注水羊肉　一般是通过屠宰前一定时间给羊灌水，或者屠宰后向羊肉内注水制成。通过注水，羊肉的重量可以增加15%～20%。注水羊肉的危害体现在虐待动物、违反食品安全法规、损害消费者权益、降低肉类的口感质量、肉内水分渗出造成微生物更容易污染等方面。

2. 假羊肉　一般是用鸭脯肉等一些价格较低的肉类和羊油混合，通过一定的方式制作而成。

3. 病死羊肉　在病羊机体衰竭后或死亡后急宰放血所得，均存在放血不全的现象。其肌肉色泽较深，暗红，肌肉切面常见血滴流出和黑红色血液浸润，血管内存有余血。而正常羊肉则相反，血色鲜红，血管内没有余血，肌肉色泽鲜艳。

（二）羊肉及其制品的选购误区

1. 选便宜羊肉　近年来随着羊肉消费量的不断增加，羊肉的价格也不断攀升。为了获取暴利，部分不法商贩不惜触犯法律，采用以次充好、假冒、销售劣质羊肉等方法售卖假冒伪劣羊肉。俗话说"一分价钱一分货"，市面上明显低于正常市场价格的羊肉及其制品一般均为假冒羊肉或劣质羊肉。据了解2016年内蒙古羊肉出厂价也要42元/kg，而新西兰羔羊肉则要48元/kg，零售价会接近60元/kg，所以市面上低于40元/kg的绝对不是纯羊肉，必定是掺了别的肉，甚至根本就没有羊肉。例如，集市冷库圆筒状羊肉单价20元/kg，方块包装的22元/kg就很值得怀疑。

2. 选异常羊肉　异常羊肉的种类多种多样，在选购时主要表现为肉色异常、气味异常、触感异常等方面。异常羊肉的另一个特点是价格便宜，选购羊肉遇到价格便宜的肉时一定要注意观察羊肉的外观状态，避免买到异常羊肉。

三、如何安全选购羊肉制品

（一）鲜、冻羊肉的质量鉴别

1. **色泽**　羊肉的颜色是鲜红色，但比牛肉略浅；猪肉是粉红色，鸭肉则是暗红色。此外，羊肉的脂肪部分应该是洁白细腻的，有些羊肉卷脂肪部分发黄，是冻得太久了，这种羊肉新鲜度很差，营养口感也不好（彩图18）。

2. **纹理**　猪肉纹路较粗，排列分布不规则，会呈网状结构；羊肉的纹路较细，呈条纹状排列分布（彩图19）。

3. **脂肪分布**　羊肉区别于其他肉类的一大特征就是瘦肉中混杂脂肪，细看丝丝分明，俗称"大理石花纹"（彩图20）。假羊肉通过把肥瘦猪肉切碎再压紧切片，也能做出这种花纹，但纤维混乱。

4. **气味**　新鲜的绵羊肉膻味较轻，山羊肉膻味较重，而品质较差的劣质羊肉会稍有氨味或酸味。

5. **黏度**　优质鲜羊肉外表微干或有风干的膜，不粘手；劣质羊肉外表干燥或粘手，用刀切开的截面上有湿润现象。

6. **肉汤**　优质鲜羊肉肉汤透明澄清，脂肪团聚于肉汤表面，具有羊肉特有的香味和鲜味；劣质羊肉肉汤稍有浑浊，脂肪呈小滴状浮于肉汤表面，香味差或无鲜味。

7. **其他**　查看检疫验讫印章和检疫合格证明。按照国家的有关规定，宰杀活牲畜要到定点的屠宰场进行，在宰杀之前要经过严格检疫。上市销售时，还要经过畜牧部门检查，在肉上加盖紫色检疫验讫印章，并附有检疫合格证明。检疫验讫印章和检疫合格证明是判定肉品是否合格的标志，有这些标志才能认定是"放心肉"。否则，即为不合格的肉品。

（二）注水羊肉的鉴别

如何鉴别注水羊肉呢？首先，未注水的羊肉外观色泽正常，肌间脂肪明显可见，用刀切割后无渗出物溢出，而且肌肉发散，不粘手，肌纤维较细短，脂肪呈乳白色蜡样，质地坚实有弹性；注水后的牛羊肉品，瘦肉部分色泽淡红，肿胀，脂肪部分苍白无光。其次，未注水的肉切口部位有极少的油脂溢出，用手指触摸时，有一定的粘贴感，油滑，无异味；而注水肉因含有大量的水分，在触摸时有淡淡的血水流出，没有粘贴感。最后，当怀疑是注水肉时，可取一小块未用的纸巾粘贴在肉上，放置5～10s，待纸巾湿透后用火点燃，如果纸巾能完全燃烧，则是合格的肉品；否则可判断为注水肉。

（三）山羊肉与绵羊肉的鉴别

山羊肉与绵羊肉可从肉品的色泽、味道及开水试验的方法来鉴别。山羊肉的色泽比绵羊肉淡，呈淡红色或苍白色，皮下和肌肉间脂肪很少，肾脏周围蓄积的脂肪较多，肌肉纤维紧密，弹性良好，质地干爽，烹饪时更易煮熟，熟后浓香可口，膻味不明显。绵羊肉和山羊肉的味道基本一样，但将绵羊肉切成薄片，放到开水里，形状不变，舒展自如，而山羊肉片放在开水里，立即卷成团。

（四）羊肉制品的安全选购

选购羊肉制成品建议到大型超市和商场购买，这样相对有保障一些。买的时候要看包装损坏与否，包装上的信息是否完整。最基本的要看产品名称、规格、生产日期、保质期、生产许可证编号等。如果仍有怀疑可要求商家提供产品的相关材料，在国家食品药品监督局的网站上可以查询是否有这家生产企业存在以及国家是否审批过该产品的生产许可证编号。

第二节　羊肉制品的安全存储

新鲜羊肉中含有丰富的营养成分，且水分含量高，很容易受到环境中微生物的污染而发生腐败变质，误食后会对人体健康造成不利影响。因此，安全的羊肉存储技术是十分重要的。

一、羊肉制品常见的存储误区

低温存储是每个家庭存储羊肉及其他食品的主要途径。当今冰箱俨然已经成为每个家庭的必备电器。但是，使用冰箱储存羊肉不是万能的，方法不当很可能适得其反。以下就是家庭利用冰箱存储羊肉及其他食品存在的误区。

（一）生熟混放

热鲜羊肉的表面携带有大量细菌，如果把熟食与这些生鲜羊肉存储在一起，那么熟食很容易被羊肉表面的细菌污染。如果这些熟食没有经过充分加热便食用的话，极易对人体的健康造成危害。

（二）存储时间过久

家用冰箱保存食物的常用冷藏温度是4℃左右，在这种环境下，绝大多数的细菌生长速度会放慢。但有些细菌嗜冷，如耶尔森菌、李斯特氏菌等在这种温度下反而能迅速增长繁殖，如果食用感染了这类细菌的食品，也会引起肠道疾病。建议冰箱存放食物的时间也不宜过长，肉类生品冷藏时间一般不宜超过2d。

（三）储藏室不分区

在冰箱储藏生鲜羊肉时，如果不分区存储则会导致交叉污染、串味等一系列问题。所以在冷藏室进行羊肉储藏时要注意分区贮藏。

（四）反复冷冻与解冻

反复冷冻与解冻会导致羊肉的汁液流失，降低羊肉的品质，同时会加大微生物污染的风险。因此建议在冷冻室进行羊肉及其制品的储藏时，要根据每次食用量将羊肉制品分成大小不同的肉块分开储藏。每次食用时选择合适的肉块解冻，一次食用完毕，避免反复解冻造成的品质降低等问题。

二、羊肉制品的安全存储

畜禽产品安全选购与健康食用指南

短时间存储可以将羊肉置于低于4℃的冰箱中冷藏，但最好不要超过2d。如果要长期存放，最好将整块肉洗净后切成下一次所需的大小，装入存有少许清水的保鲜袋中扎紧袋口，放进冰箱的冷冻格中，这样可以储存2个月。−1.7℃是肉类食品保存的最佳温度，编者建议，冷藏室的温度应控制在−2～4℃。冰箱内的食物应尽量按照生熟与种类分类存储，以便于管理与避免交叉污染。冰箱冰柜应与墙壁隔开一定的距离，以利于空气流通。应避免频繁开闭冰箱舱门，否则容易导致存储室内温度频繁波动，造成羊肉品质的劣变。冷冻羊肉在解冻过程中不应在高温下解冻，避免反复冻融，解冻后应在短时间内食用。肉类冷冻食品的化解，有的人是将其放在室温中，有的人是将其浸泡在温水中，有的则是直接入锅，其实这些方法都不科学。营养学家认为，食品解冻的温度、速度应以能使食品内部结冰的水完全被食品吸收、不损食品营养为佳。快速解冻会使食品的蛋白质、维生素等营养成分受到损失，同时会加速生成致癌物——丙醛。但是如果化解过慢，则易导致细菌繁殖。

第三节 羊肉制品的健康食用

羊肉怎样吃才能发挥其最佳的食疗效果呢？专家指出，羊肉易消化，无论是涮、清炖，还是红烧或烤制，味皆鲜香，但吃羊肉讲究科学合理，并非人人适宜。人们的体质存在个体差异，因此要根据每个人自身情况决定怎么吃，吃多少。比如身体较瘦、怕冷、体质较虚弱的人更适合吃羊肉；而热性体质的人，如肥胖、高脂血症以及肥胖伴高血压、高血脂、高尿酸血症等人群则要限制食用，此外，患有急性炎症、外感发热、热病初愈、皮肤疮疡、疖肿等症，也要忌食羊肉。若为平素体壮、口渴喜饮、大便秘结者，也应少食羊肉，以免助热伤津。

一、羊肉的合理烹饪与搭配

羊肉具有补气益血、滋养肝脏、改善血液循环的功效，常吃可提升气色、滋润肌肤。但是，羊肉性温热，常吃易上火。因此，羊肉需要与其他蔬菜合理搭配才能既利用羊肉的补益功效，又能消除羊肉的燥热之性。

（一）羊肉配白萝卜

二者搭配不仅可解决单吃羊肉易上火问题，而且能营养互补。白萝卜味甘性凉，有清凉、解毒、去火的功效，同时，其富含的芥子油和膳食纤维，可促进消化、加快胃肠蠕动，因此，肠胃不好的人配上白萝卜可促进羊肉的消化。此外，白萝卜富含维生素C，常吃可保持皮肤细腻红润、预防肌肤老化。

（二）羊肉配胡萝卜

胡萝卜含有大量β胡萝卜素，在人体中转化成维生素A，有保护视力的作用，可预防干眼症。另外，β胡萝卜素只有溶解在油脂中才能被人体吸收，羊的油脂会提高人体对β胡萝卜素的吸收率。

（三）羊肉配孜然

羊肉和孜然可以说是天造地设的一对，尤其是在烤羊肉时，加上孜然调味，羊肉微微变色的时候就撒上孜然，随着温度升高，渗出的油脂引爆了孜然的味道。

（四）羊肉配洋葱、大葱

无论是洋葱还是大葱，都是羊肉的好拍档。葱对羊肉有点"一物降一物的感觉"，羊肉的膻味对它来说是分分钟就能解决的小问题，大火一爆炒，把葱充分炒软，只留下一盘鲜香。

（五）羊肉搭配一些凉性蔬菜

中医讲究"热则寒之"的食疗方法，因此在吃温热性的羊肉时，搭配凉性和甘平性的蔬菜，能起到清凉、解毒、降火的作用。这些蔬菜如冬瓜、丝瓜、油菜、菠菜、白菜、金针菇、莲藕、茭白、笋、菜心等。

（六）羊肉配豆腐

豆腐有很多优点，它不仅可以补充人体所需的多种微量元素，而且其中的石膏可以起到清热泻火、除烦、止渴的作用，与羊肉搭配正好可以解决吃羊肉上火的问题。

二、推荐食用方法

（一）羊肉的部位划分

羊肉根据其所在部位可分为带骨前腿、颈排、全排、脊骨、T骨排、外脊、里脊、带骨后腿、羊霖肉等（彩图21）。

1. **带骨前腿**　适于做前腿卷、中式前腱、法式前腱。

2. **颈排**　类似于牛排，适于煎食。

3. **全排**　可以做成法式小切、排段。

4. **T骨排**　适于煎食。

5. **外脊**　适于制作太阳卷。

6. **带骨后腿**　适于制作中式后腱、法式后腱、后腿卷、后腿肉包。

（二）羊肉萝卜汤

1. **材料**　羊肉500g，白萝卜300g，葱姜蒜，盐、鸡精、料酒。

2. **操作步骤**　羊肉洗净，切成小块或片；萝卜切块，焯水，去萝卜的涩味；生羊肉过水，断生，去血沫；姜去皮，切片；蒜剥皮洗净；小葱切碎；过好水的羊肉放入加水的汤煲中，加姜蒜、料酒，大火煮开；加入萝卜，盖盖，小火炖煮30min；出锅加盐、鸡精粉和小葱调味，制作完成。

（三）红焖羊肉

1. **材料**　羊肉500g，胡萝卜2根，食盐适量，葱适量，姜适量，蒜适量，八角2个，花椒20粒，干辣椒2个，香油适量，郫县豆瓣酱2汤匙，啤酒半瓶，枸杞子20粒，山楂5片，草果1个，豆蔻2个，陈皮少许，白糖1汤匙。

2. **操作步骤**　胡萝卜去皮切滚刀块，羊肉切成与胡萝卜相同大小的块；锅内加入清水、葱段、姜片，烧开后将羊肉放入；待锅内水重沸后再焯两三分钟后关火；将羊肉捞出控干水分备用；锅重洗净后擦干，放油烧热，加入葱姜煸香；加入郫县豆瓣酱炒香，加入胡萝卜、羊肉翻炒均匀；加入老抽上色，加糖调鲜；加入啤酒至没过锅内食材1～2cm；加枸杞、花椒、山楂、八角、草果、豆蔻、干辣椒、陈皮；中火加盖焖炖45min左右至羊肉软烂，加适量盐和香油调味，临出锅前加入香菜关火即可。

（四）孜然羊肉

1. **材料**　羊腿肉300g，香菜50g，鸡蛋1个，食盐5g，味精2g，料酒10g，香油少许，淀粉5g，孜然3g，辣椒粉3g，胡椒粉3g，泡打粉1g。

2. 操作步骤 羊肉切片；香菜切寸段，铺在盘子上备用；加入盐、料酒、胡椒粉抓匀；加入泡打粉用手反复抓1～2min，如果发干，可加极少量的水；加入少许蛋液，反复抓匀后再放入干淀粉抓匀；倒入少许香油，抓匀腌制15min；锅中油温不要太高，五成热即可一片片放入肉片；肉片变色马上捞出；待油温再次升高六成热，再次放入肉片，大约1min就可捞出；锅中少油，放入羊肉片，炒匀；分别放入孜然粉、辣椒粉、味精炒匀即可出锅。

（五）葱爆羊肉

1. 材料 羊里脊肉200g，葱1棵，鸡蛋1个，食盐5g，酱油10g，蒜瓣2个，干辣椒2个，料酒5g，淀粉8g，黄酒10g，胡椒粉1g，白糖5g，植物油适量。

2. 操作步骤 刀垂直于羊肉纹理将肉切成合适的形状；切完的肉加料酒和盐抓匀；加少许全蛋液与淀粉抓匀；蒜切末，葱切成厚点的马耳朵；黄酒、酱油、盐、胡椒粉、白糖和淀粉调成碗汁备用，适当加一点水；锅中放油稍微多些，放两个将籽去掉的干辣椒，炸至棕红；下羊肉和蒜末炒开，到发白表面成熟；下切好的葱块炒几下，让味道相互渗透；开大火把汁搅匀倒入锅里，快速炒动，上劲就出锅。

（六）冬瓜羊肉丸

1. 材料 冬瓜300g，羊肉200g，鸡蛋1个，食盐适量，葱5g，姜5g，八角适量，花椒20粒，香油10mL，淀粉40g，植物油10mL，白糖2g，白胡椒2g，黄酒10mL，水适量。

2. 操作步骤 羊肉剁馅，冬瓜挖球备用；花椒焙成金黄色擀成粉，葱、姜切末；鸡蛋清、白胡椒、糖、盐、黄酒、葱姜和香油放入羊肉中；顺一个方向搅打上劲儿后摔打几次备用；热锅凉油，煸香葱姜大料，放入冬瓜煸炒2min；锅中倒入适量开水；淀粉放入浅盘中，将挤好的丸子放入淀粉中裹一层干淀粉；另起一锅，水烧到60～70℃，放入丸子；水开后小火烧到丸子浮起捞出备用；冬瓜炖软后，放入煮熟的丸子，继续烧1min；放入盐、鸡汁调味后即可关火。

（七）白菜冻豆腐炖羊肉

1. 材料 羊腿1只，冻豆腐1块，白菜适量，食盐适量，葱适量，姜适量，蒜适量，花椒适量，料酒2汤勺，生抽1汤勺，老抽1汤勺，香油少许，陈皮适量，白芷2片，枸杞子适量，丁香适量，白糖1汤勺，胡椒粉适量。

2. 操作步骤 羊腿洗净去骨，羊肉切成块，骨头砸成小段；羊肉用加了料酒、姜片用水飞过；葱切段、姜拍块、蒜切半，花椒等调料备齐；起净锅，入油，三成热时下葱姜蒜爆香，加糖炒出糖色；下入羊肉中火翻炒，加老抽、生抽，将肉炒至上色；加足量水，下入各种调料；冻豆腐提前化开，挤净水分，下入锅中；大火烧开，改中小火煮1.5h；白菜洗净，切中条，下入锅中，炖10min；加盐、胡椒粉调味，出锅前淋香油即可。

第五章　兔肉制品的安全选购与健康利用

第一节　兔肉及其制品的安全选购

一、兔肉的营养

兔肉作为一种营养、健康和美容的肉制品，具有"四高四低"的特点，即高蛋白、高赖氨酸、高卵磷脂和高消化率；低脂肪、低胆固醇、低尿胺和低热量，兔肉与其他家养动物的营养对比见表5-1。兔肉的这些特点，正迎合当前消费者科学选择肉类食品的要求，是儿童、产妇、老年人及胃病、肝病、心血管病患者的理想营养品。人们将兔肉形象地比喻为"保健肉""美容肉"和"益智肉"，常吃兔肉可以健壮而不肥胖，身体苗条、肌肤细嫩，有利于大脑的发育，提高智商。因此，兔肉被西方一些国家的运动员、演员和歌唱家们所青睐。由此可见，中国俗语"飞禽莫如鸪，走兽莫如兔"有其内在的科学依据。

表5-1　家养动物肉营养对比

品种	蛋白质(%)	脂肪含量(%)	能量(kJ/kg)	胆固醇含量(mg/g)	赖氨酸(%)	消化率(%)
兔肉	24.25	9.76	676	0.45	9.6	85.0
猪肉	15.7	26.73	1284	1.26	3.7	75.0
牛肉	17.4	15.83	1255	1.06	8.0	55.0
羊肉	16.5	17.98	1097	0.70	7.5	68.0
鸡肉	18.6	7.8	517	0.69~0.90	8.4	50.0

二、兔肉制品的种类

（一）生鲜兔肉

生兔肉按照储存温度不同分为热鲜兔肉、冷却兔肉（冷鲜兔肉）和冷冻兔肉。

1. 热鲜兔肉 即家兔屠宰、整形或分割后不经任何处理加工的胴体，这种兔肉温度较高，正适合微生物生长繁殖和肉中酶的活性，易变质不易保存，需短期内尽快食用。

2. 冷鲜兔肉 即通过各种类型的冷却设备，使兔肉的温度迅速下降至0℃左右，在随后的运输销售过程中必须保持兔肉存放的环境温度为0～4℃。降低微生物的生长繁殖能力，减弱酶的活性，延缓兔肉的成熟时间。并减少兔肉的水分流失，延长兔肉的保存时间。冷鲜兔肉营养价值高、口感嫩滑、味道鲜美且保存时间长，是兔肉保存的发展趋势。

3. 冷冻兔肉 即家兔屠宰、整形或分割后经冷却处理，再转入−25℃以下的速冻间进行冻结，当兔肉温度达到−15℃时转入冻藏间进行冷藏的兔肉。冻兔肉在温度−21～−18℃、湿度90%～95%的冻藏间可储藏4～6个月。冷冻兔肉在运输销售过程中，必须使用冷链，使兔肉始终处于冷冻状态。

（二）兔肉制品

兔肉制品按照制作工艺的不同分为酱卤兔肉制品、熏烤兔肉制品、肉干兔肉制品、油炸兔肉制品、肠类兔肉制品、调理兔肉制品、罐头兔肉制品以及其他兔肉制品等。具体产品如下：

1. 腌腊制品 将兔肉腌制或酱渍，再风吹，晾晒或烘烤干燥即成。如缠丝兔、板兔、风兔、酱、咸兔和腊兔等。

2. 酱卤制品 将兔肉在用酱油、香辛料、调味料等制成的酱卤料中卤制，可加工为卤兔、红板兔、酱卤兔和糟兔等产品，见彩图22。

3. 熏烤制品　将兔肉经配料腌制后，再经烟熏或烧烤而成的熟肉制品，如烤全兔、烤仔兔、熏兔肉等（彩图23）。

4. 干肉制品　将兔肉卤煮、成型，再烘烤干燥，或切片腌制后烘烤，可加工为兔肉干、兔肉松、兔肉脯、金丝兔肉等干肉制品（彩图24）。

5. 香肠制品　将兔肉与猪肥膘肉分别切丁混合，或与其他肉类，如猪肉、牛肉、羊肉混合绞制，加调料，可制成兔肉腊肠、泥枣肠等香肠制品，也可经绞制，加调料，斩拌、灌装后蒸煮、烘烤或发酵、熏烤，加工为兔肉灌肠、火腿肠、色拉米香肠等西式产品。

6. 罐头制品　将兔肉经预处理、成型、配料后装入罐壳内，再排气密封后杀菌，可加工为罐头制品，也可用复合薄膜袋代替罐壳，制成软罐头。例如，清蒸兔肉、原汁兔肉、红烧兔肉、咖喱兔肉罐头等。

7. 其他制品　可将兔肉经腌制、卤煮、烟熏或油炸，加工为红油兔、脆皮兔和熏兔。也可按照传统烹饪法加工出白切兔块、水晶兔、兔肉糕等具不同风味的产品。

三、如何安全选购兔肉及其制品

（一）生兔肉的安全选购

1. 鉴别生鲜兔肉质量的方法

（1）色泽鉴别　优质鲜兔肉的肌肉有光泽，红色均匀，脂肪洁白或黄色（彩图25）。劣质鲜兔肉肌肉稍暗色，用刀切开的界面尚有光泽，脂肪缺乏光泽。

（2）气味鉴别　优质鲜兔肉具有正常的气味；劣质鲜兔肉稍有氨味或酸味。

（3）弹性鉴别　优质鲜兔肉用手指按下后的凹陷，能立即恢复原状；劣质鲜兔肉用手指按压后的凹陷恢复慢，且不能完全恢复。

（4）黏度鉴别　优质鲜兔肉外表微干或有风干的膜，不粘手；劣质鲜兔肉外表干燥或粘手，用刀切开的截面上有湿润现象。

（5）煮沸的肉汤鉴别　优质鲜兔肉透明澄清，脂肪团聚在肉汤表面，具有兔肉特有的香味和鲜味；劣质鲜兔肉稍有浑浊，脂肪呈小滴状浮于表面，香味差或无鲜味。

2. 鉴别冻兔肉质量的方法

（1）色泽鉴别　优质冻兔肉解冻后肌肉呈均匀红色、有光泽，脂肪白色或淡黄色；劣质冻兔肉解冻后肌肉稍暗，肉与脂肪缺乏光泽，但切面尚有光泽；变质冻兔肉解冻后肌肉色暗，无光泽，脂肪黄绿色。

（2）黏度鉴别　优质冻兔肉解冻后外表微干或有风干的膜或湿润，但不粘手；劣质冻兔肉解冻后外表干燥或轻度粘手，切面湿润且粘手；变质冻兔肉解冻后外表极度干燥或粘手，新切面发黏。

（3）组织状态鉴别　优质冻兔肉解冻后肌肉结构紧密，有坚实感，肌纤维韧性强；劣质冻兔肉解冻后肌肉组织松弛，但肌纤维有韧性；变质冻兔肉解冻后肌肉组织松弛，肌纤维失去韧性。

（4）气味鉴别　良质冻兔肉解冻后具有兔肉的正常气味；次质冻兔肉解冻后稍有氨味或酸味；变质冻兔肉解冻后有腐败味。

（5）肉汤鉴别　优质冻兔肉解冻后澄清透明，脂肪团聚于表面，具有鲜兔肉固有的香味和鲜味；劣质冻兔肉解冻后稍有浑浊，脂肪呈小滴浮于表面，香味和鲜味较差；变质冻兔肉解冻后混浊，有白色后黄色絮状物悬浮，脂肪极少浮于表面，有臭味。

3. 安全选购提示　有下列情况的兔肉不要购买。

（1）肌肉色泽暗红，放血不全；

（2）肌肉、脂肪呈黄色，有可能兔肉感染了黄疸；

（3）兔肉胴体表面有创伤，修割面过大的，说明肉兔有伤病；

（4）兔肉体有严重骨折、曲背、畸形的。

4. 黄脂肪的兔肉能不能食用？ 兔脂肪一般是白色的，引起黄脂肪的原因有两种，一种是生理的，一种是病理的。所谓生理性的黄脂，是指仅脂肪呈黄色或皮肤等处稍微发黄，而其他部位不发黄，肝脏等组织器官不呈现病理变化。这是因为：在大多数家兔的肝脏中有一种酶，能将食物中含的叶黄素（胡萝卜素类植物色素）分解成无色物质，而极少数家兔的肝脏中则缺少这种酶，故叶黄素不能完全分解，结果就主要积存在脂肪里，形成生理性黄脂。叶黄素在脂肪里积蓄得越多，脂肪的颜色就越黄，但这并不影响兔的生长发育。由于这种黄脂不是病理变化，叶黄素本身也是一种无毒物质，所以食用不受影响。

病理性黄脂，一般是由某些疾病引起的黄疸所致。屠宰前检查，可见兔子的巩膜、鼻腔等处的颜色发黄，被毛粗乱，精神萎靡，不喜欢活动。宰后观察兔子深部肌肉、内脏器官的浆膜、黏膜、肾盂以及关节囊等处，可见颜色均呈黄色，肝脏硬化、变性。有时肉尸带有异味。黄疸严重者，肉尸和内脏都不能食用。

（二）兔肉制品的安全选购

选购熟兔肉制品时尽量选择到正规的商店、超市和管理规范的农贸市场购买食品。尽量选择有品牌、有信誉、取得相关认证的食品企业的产品。

散装的兔肉产品应随买随吃，吃不完的兔肉应放入冰箱保存，在冰箱中保存时间不超过48h，下次食用之前再加热至100℃以上。

购买包装的兔肉产品时一是要正确识别标签，查看标签内容是否清晰、齐全。食品标签必须标示的内容有：食品名称、配料清单、净含量、沥干物（固形物）含量、制造者的名称和地址、生产日期(或包装日期)、保质期、产品标准号。标签上的生产日期和保质期不得另外加贴、补贴和篡改。二是要选择没有污染、杂质和没有变色、变味的食品。购买时查看食品的包装、标签和认证标识，查看有无注册和条形码，查看生产日期和保质期。对怀疑有问题的食品，宁可不买不吃。购买后索要发票。

1. 如何选购酱卤兔肉制品 选择色泽纯正的产品。色泽粉红的产品除添加了辅料外，还添加了食用色素。选择近期生产的产品。选择弹性好的产品，因为弹性好，内容物中肉的成分越多。选择名牌产品，通常大企业、老字号企业、通过ISO9000系列认证、HACCP认证的企业生产的、获得加贴SC或QS标志的产品质量比较有保证。注意商品保存环境。通常酱卤肉类食品需要在0～4℃的环境下保存，环境温度过高必然会影响产品保质期限。

尽量选购带包装的肉类食品，因为包装完好的产品可避免流通过程中的二次污染。有包装的熟肉制品，要看其外包装是否完好、有无破损。如果是真空包装的，要看其真空度是否完好，胀袋的产品不可以食用。

2. 如何选购兔肉干、兔肉脯、兔肉松 国家质量监督检验检疫总局产品质量监督司有关专家建议消费者在选购肉干、肉脯、肉松时，注意以下5个问题。

(1) 在正规的大型商场或超市中购买 这些经销企业对其经销的产品一般都有进货把关，经销的产品质量和售后服务有保证。

(2) 选购贴有SC或QS标志的产品 生产这些产品的企业管理规范，生产条件和设备符合要求，产品通过出厂检验，质量有保证。

(3) 选购有包装的产品 这样可避免产品在运输和销售时受到二次污染。另外，购买时要注意产品的包装必须密封、无破损。

（4）购买色泽正常的产品　各种口味的产品有其应有色泽，不要挑选色彩太艳的产品，应挑选近期生产的产品，同时注意产品的色、香、味应正常，无霉变现象。

（5）准确判断所购产品的类别　消费者可以从产品的配料表中判定产品是肉脯还是肉糜脯，是肉松还是肉粉松。配料表中如含有淀粉或面粉，则产品为肉糜脯或肉粉松。也可从产品的外观形态上判断，肉脯产品表面有明显的肌肉纹路，肉糜脯表面较光滑。

3. 如何选购腌腊兔肉

质量良好的咸肉，表面为红色，切面肉呈鲜红色，色泽均匀，无斑点，肥膘稍有淡黄色或白色，外表清洁，肌肉结实，肥膘较多，肉上无霉菌和黏液等污物，气味正常，烹调后咸味适口。变质的咸肉，外表呈现灰色，瘦肉为暗红色或褐色，脂肪发黄、发黏，有霉斑或霉层，生虫并有哈喇味，有腐败或氨臭的气味，肉质松弛或失去弹性。

质量良好的腊肉，刀工整齐，薄厚均匀，形状美观，瘦肉坚实有一定硬度、弹性和韧性，无杂质、清洁。皮为金黄色并有光泽，瘦肉红润，肥膘淡黄色，无斑点。有腊制品的特殊香味，蒸后鲜美爽口。如果是有较严重的哈喇味和严重变色的腊肉，不能食用。

4. 如何挑选兔肉香肠

（1）看外观肠　衣干燥完整且紧贴肉馅，肉色均匀，无黏液及霉点，用手捏时坚实而有弹性的为优质品；肠衣稍有湿润或发黏，易与肉馅分离但未撕裂，表面稍有霉点，但用麻油可擦去，擦后无痕迹的为次质品；若肠衣湿润、发黏、易与肉馅分离，易撕破，表面有严重霉点，用麻油擦后仍有痕迹的为变质品。

（2）看色泽　切面有光泽，肉质呈灰红色或玫瑰红色，脂肪为白色或略带红色的为优质品；切面部分有光泽，切面深层的肉质呈深灰色或咖啡色，脂肪发黄的为次质品；肉馅无光泽，肉质呈灰暗色，脂肪为黄色的是变质品。

（3）闻气味　有香肠固有的清香味，无异味、不发酸的为优质品；香肠的清香味不强烈，脂肪有轻微酸败味的为次质品；香肠有明显的脂肪酸败味或腥臭等异味的为变质品。

（4）看组织状态　肠切面坚实而无裂隙的为优质品；如切面整齐，但有裂隙，周缘部分有软化现象的为次质品；切面不整齐，裂痕明显，并有软化现象的为变质品。

第二节　兔肉制品的安全存储

一、兔肉制品常见的存储误区

兔肉在冰箱中保存时间不能太长，否则会使兔肉脱水发干、脂肪酸败而且肉质腐败。兔肉在家用冰箱中冷藏过程中，由于储存温度较高或因外界气温高，冰箱门开关频繁，箱内温度波动大，会导致水分蒸发和冰晶升华，如果兔肉包装不严密，储存期过长等，也会造成质量变化，主要表现有以下三方面：

（一）脱水

肉体脱水，即肉体表面出现点状、丝纹状，甚至周身性的肉色变淡，出现木质样的脱水区，肌肉失去韧性，手触有松软感。这种现象也称发干或风干，当发生严重脱水时，肉品在解冻后不能恢复原状，无肉味，失去食用价值。因此，在冷藏时应避免发生脱水，可将兔肉用塑料袋包装严实后再冷藏。

（二）脂肪酸败

肉品的脂肪在氧的作用下，发生氧化水解，称为脂肪酸败。使肉品产生脂臭味，颜色变污灰色、油黄色或污绿色，有时肉品表面发黏、发霉。

（三）肉质腐败

冷冻可以减缓兔肉腐败的速度，延长兔肉的保质期。但是低温只是降低了兔肉中微生物的增殖速度，兔肉并不是无菌的，因此冷冻时间过长，兔肉一样会腐败而不能食用。

买回兔肉没有分割成小块，直接一整只进行冷冻，要吃的时候一整只拿出来解冻，吃不完又放回冰箱继续冷冻，以为这样就不会变质。其实，肉类从超低温的冻结状态到冰点以上的解冻状态，细胞已被严重破坏，这时再行冷冻，已不能起保鲜作用。用多次冷冻的兔肉做菜，味道大为逊色。更值得注意的是，国外有关营养学家发现，反复冷冻的肉类可生产一种致癌物质，冷冻的次数越多，生成的致癌物浓度越高。

二、兔肉制品的安全存储

（一）生鲜兔肉的保存

生鲜的兔肉如果要立即食用可不用放冰箱或是放在冰箱中的保鲜层。如果要放置 1 ~ 2d 可放在冰箱中的保鲜层中冷藏。如果需要放置时间较长，则应放在冰箱中的冷冻层。进行冷冻保存时，将兔肉斩成适当大小，放在金属盘上，放进冷冻室速冻。将冷冻室温度调节开关旋到最低温处($-18\,℃$)以急速冷冻，这样能最大限度地保持兔肉的滋味和营养。兔肉冻结后，用保鲜纸包好，再套上塑料袋，仍放在冷冻室储存。冻兔肉在$-5\,℃$时，保藏期为 42d；在$-12\,℃$时，为 2 ~ 3 个月；在$-17.5\,℃$以下保藏 3 ~ 6 个月仍能很好地保证肉品质。

兔肉冷冻时应注意如下几点。

1. 冷冻肉块的大小和形状　必须掌握肉的厚度和重量，肉的厚度不宜超过 7cm，重量不宜超过 1kg。

2. 冷冻包装和冷冻温度　兔肉先放在金属盘上，再一起套进塑料袋，送冷冻室冷冻半小时，将表面稍冻结，抽出盘子，将兔肉用塑料袋包起来，尽量挤去袋中的空气，然后放入冷冻室里冷冻。注意，冷冻时肉块之间应有一定的间隔距离。同时，要把温度调节开关旋到最低温处($-18\,℃$)，以急速法冷冻。

3. 解冻　肉块冻透后，方能重叠在一起，在冷冻室中储

畜禽产品安全选购与健康食用指南

存。冷冻肉应先进行解冻，食用时按需要量取出解冻，不可全部拿出吃不完又放回去冷冻，解冻时可摆在冷藏室里让它自然解冻，500g肉需12～16h，也可以放在室温下解冻，但不宜浸泡在温水中解冻。

（二）熟兔肉制品的保存

袋装或灌装的熟兔肉制品可在室温下保存，开袋后立即食用，没有食用完的放在冰箱中保鲜或冷冻保存，下次食用之前加热至100℃以上。

1. 散装熟兔肉制品的保存　散装酱卤兔肉制品、熏烤兔肉制品、油炸兔肉制品购买后应尽快食用，不宜超过1d，超过1d没有食用完的应放在冰箱中保鲜或冷冻保存，保鲜时间不宜超过3d，冷冻时间不宜超过1个月，且再次食用之前加热至100℃以上。

2. 腌腊兔肉制品的保存

（1）冷藏保存　用塑料袋密封后放在冰箱中冷冻保存，它能长期保证腌腊兔肉制品的质量，是最好的储藏手段。

（2）密封保存　晾干后的腌腊兔肉制品，放在缸内，并在一层腌腊兔肉制品上喷一点白酒，直到放满，加盖用牛皮纸封住缝隙，不漏气。

（3）家庭保存　可将腌腊制品悬挂在通风、阴凉、干燥的地方，但是从保存方法只适合温度较低的时候，室温超过20℃后容易导致腌腊兔肉制品氧化发哈、酸败。

（4）真空保存　将香肠装进质量好的塑料袋中，然后抽至真空状态，这样能较长时间地保存下去。

第三节　兔肉制品的健康食用

一、兔肉的合理烹饪与搭配

兔肉有很好的营养价值和保健作用，兔肉的肌纤维细嫩，结缔组织少，易被人体消化吸收。人体对兔肉的消化率可达85%，比猪肉、牛肉、羊肉的消化率高10% ~ 35%。所以，兔肉特别适合消化功能较弱的儿童和老人食用。但是兔肉是凉性的，在冬天不宜多食，宜在夏季食用。特别是脾胃虚寒、阳虚患者在冬季更应该和兔肉划清界限，否则不仅起不到抵御寒冷的作用，还会因为兔肉性凉，能凉血，易损阳气，进而使人更加怕冷。兔肉的适应性极强，与什么原料合烹，味道都可以随之而变，也就是人们常说的"兔有百味"，有随之而变的特性和多变的特点。

（一）除腥

兔是以吃草料为主的动物，所以兔肉与其他草食动物的肉一样具有草腥味。去除兔肉的草腥味可以采取以下措施：

1. 添加部分香辛料 传统的食品加工和家庭烹饪制作中，添加部分适量的香辛料，可明显抑制这种气味。添加的香辛料有：大蒜、花椒油、胡椒粉、海椒、茴香、桂皮、沙姜、葱类、姜和陈皮等。

2. 添加醇类制剂 在兔肉的加工或烹饪过程中，添加适量的白酒，也可抑制腥味，而且效果明显。白酒的添加量一般为：每千克兔肉添加10 ~ 15mL白酒。

3. 熏烤 兔肉经过腌制后，放入烘箱中烘烤，在高温条件下，产生腥味的一些易挥发物质散发掉，减少了腥味刺激。

4.除去腺体 宰后应将尾部的生殖、排泄器官及各种腺体割净，这样烹调时就不会有异味。

（二）烹制

1. 烹制前处理

（1）清洗 烹制兔肉前，用水充分清洗兔肉。在烹制兔肉前要注意，因为兔肉，尤其是野兔，带有比较浓的土腥气味，因此一定要把兔肉放清水中反复浸泡，彻底除去兔肉中的血水，才能除净异味，烹制出来的菜肴带有兔肉特殊的芳香滋味。

（2）切丝　兔肉要顺着纤维纹路切，并用蛋清拌匀。兔肉的肉质细嫩，肉中几乎没有筋络，兔肉必须顺着纤维纹路切，这样加热后，才能保持菜肴的形态整齐美观，肉味更加鲜嫩，若切法不当，兔肉加热后会变成粒屑状，而且不易熟烂。炒兔肉丝应先用蛋清拌过，这样肉丝不卷，且色泽白嫩。

（3）腌制　烹制兔肉前要进行腌制。在烹制兔肉菜肴前，如果时间允许，可先将兔肉用绍酒、花椒、盐或五香粉等拌匀并腌渍1d，使调味品的滋味充分地渗透到肌肉内部，经加热后，能最大限度地除去兔肉中的腥膻杂臊等气味，使兔肉滋味纯正味美。同时腌制还能排除肉质中的部分水分，使其肉质紧缩，烹制出来的菜肴才能浓香扑鼻。

（4）配料选择　烹制兔肉要选择合适的配料。烹制兔肉时不宜采用附子、炮姜、肉桂等燥热品，应选用香菇等性温的调料。烹制药膳菜，如配入大枣、山药、枸杞等，可以起到巩固加强、互相补益的作用。

2. 烹制

（1）烹制兔肉时要加肥油　兔肉属于瘦肉型食品，几乎无肥肉，脂肪少，香味差，因此肌肉就显得粗糙、僵硬，口感差。烹调时应多加油或与肥鸡、猪肉等合烹，不但能增加兔肉的香美程度，减少兔肉干枯涩口之感，同时还能去除兔肉中的土腥等异味，从而达到遮腥去恶，增香添鲜的作用。

（2）兔肉要带皮烹制　肉带皮烹制能耐高温，不怕颠翻、搅拌，皮肉相连，能防止兔肉形状散碎变形，成菜整齐美观。带皮烹制，易于着色，成菜鲜艳诱人。兔皮中含有丰富的胶原蛋白，能增加成菜的营养，并使汤汁浓而明亮，不必特意勾芡。

（3）兔肉宜带骨烹制　肉带骨烹制多用于烧、焖、煮、煨、炖等烹调技法。兔骨中含有丰富的钙、磷、铁等矿物质和胶原蛋白，可为人们提供多种营养成分。兔肉带骨烹制，骨肉相连，可防止翻动时散碎，形状整齐且滋味鲜美。

（4）烹制兔肉时应先煸炒再添汤　浸泡或焯水后的兔肉，用少许底油（或不加油）和调味品，反复颠翻，将兔肉水分炒干。经过浸泡和或焯水的兔肉，含水分较多，不利于着色入味，先煸干炒透，可排出肌肉中的多余水分，除净水气味，使兔肉体积缩小，呈现干香味，并且利于吸收其他调味品的滋味，同时还能减轻或除净异味，达到味透肌里，加快成熟时间。兔肉煸干炒透后，再加入鲜汤，兔肉会迅速吸收汤汁的水分，使其鲜浓入味，加快成熟，成菜滋味适口，风味诱人。

（5）烹制兔肉时要及时撇去浮沫　在烹制过程中，焯水或煸炒，添汤，烧开后，汤面会不断地产生很多浮沫，浮沫刚形成时就应撇出。浮沫是兔肉中残存的血红蛋白、脂肪等，以及调配料中的杂质，经加热后，漂浮在汤面形成。如果不及时撇去，浮沫会混在汤菜中，致使汤汁浑浊不清，影响成菜的风味特色。

（6）兔肉宜烹制成药膳　自古以来，人们发现了兔肉的滋补疗疾功能，就将它列入药膳之列，用它针对性地预防治疗某些疾病。烹制兔肉时，可根据自身的病情和需要，搭配一些中药材，如枸杞、山药、陈皮等，使兔肉和药物有机地结合起来，从而达到既饱口福，又治病疗疾之效。另外，烹制兔肉加入适当的中药材，还能去除兔肉中的土腥、草腥等异味，矫正偏性，最大限度地发挥出兔肉的功能和特色，减缓兔肉的凉性，食之脾胃安和，身心平衡，有利于人体。

二、推荐食用方法

（一）炒兔肉丝

1. 原辅料

原料：鲜兔肉400g。

调料：蘑菇片200g，色拉油1 000mL（实耗100mL），鲜奶油50g，番茄沙司50g，精盐5g，白糖5g，淀粉10g，蛋清1

个，洋葱25g。

2. 制作

（1）准备　将兔肉切成细丝，放入碗内，拌以蛋清、精盐、淀粉。

（2）炒制　将锅加热，倒入色拉油，待油温达六成热时，放入兔肉丝划熟去油。锅内放入洋葱末，煸炒出香味后，放入番茄沙司、兔肉丝，用文火烧4～5min，待汤浓稠时，加入蘑菇片、鲜奶油，拌匀即成。

（二）小炒兔丁

1. 原辅料

原料：兔肉350g，酸黄瓜50g，鲜红尖椒30g。

调料：姜末50g，葱花、蒜末各15g，精盐、酱油、料酒、香油各1小匙，味精、白糖各少许，香醋、甜酒汁各2小匙，鲜汤3大匙，色拉油75g。

2. 制作

（1）准备　酸黄瓜用清水洗净，沥净水分，切去根底，把酸黄瓜先切成长条，再改刀成小丁；鲜红椒洗净，去蒂及子，切成小块；甜酒汁、白糖、酱油、香醋、鲜汤放入碗中调匀成味汁；兔肉洗净，在表面切上十字花刀，再切成1cm大小的丁；放入大碗中，加入少许精盐和料酒拌匀入味。

（2）炒制　锅中加油烧至六成熟，下入兔肉丁略炒片刻，撇去余油。再放入酸黄瓜丁、红椒块、蒜末、姜末炒香。烹入调好的味汁翻炒均匀，用旺火收浓汤汁。

（3）出锅　加入味精，淋入香油炒匀，出锅装盘，撒上葱花即可。

（三）胡萝卜烧兔肉

1. 原辅料

原料：净兔肉300g，带骨鸡肉150g，胡萝卜100g。

调料：葱末、蒜末、姜丝、八角、茴香、精盐、鸡精、花椒粉、料酒、酱油、高汤、香油、色拉油各适量。

2. 制作

（1）洗　带骨鸡肉洗净、沥水，切成大块，放入沸水锅中焯烫，捞出沥水。

（2）切块　胡萝卜去根、去皮，洗净，切成滚刀块。

（3）焯　兔肉洗净，沥去水分，切成3cm大小的块，放入清水锅中烧沸，焯烫一下，捞出冲净。

（4）烹　锅中加入色拉油烧至七成热，先下如葱末、蒜末、姜丝炒香，烹入料酒。

（5）煸　再放入兔肉块、鸡肉块用旺火煸干水分，放入花椒粉、八角、茴香炒匀。

（6）炖煮　然后加入酱油、精盐、高汤烧沸，转小火炖煮30min，放入胡萝卜块。

（7）制成　烧煮15min至熟烂入味，加入鸡精，盛入大碗中，淋上香油即可。

（四）板兔

1. 原辅料

原料：兔肉5 000g。

调料：食盐200g，硝酸钠5g，高粱酒50g，白砂糖100g，酱油150g，花椒15g。

2. 制作

（1）洗　兔肉漂洗干净，沥干水分。

（2）腌　将辅料混合，均匀涂擦在兔体内。入缸腌制4～5d，每天上下翻动一次。

（3）晾　出缸后将兔放在案板上，面部朝下，将前腿转到背上，用手将背和腿按平，用竹片撑成板形，晾晒风干即为成品。

（4）熟制　食用前洗净，蒸熟后切块，色泽红亮，肉嫩体厚，腊香浓郁。

（五）兔肉香肠

1. 原辅料

原料：兔肉70kg，猪肥肉30kg（或兔肉50kg、猪瘦肉25kg、猪肥肉25kg）。

调料：食盐3kg，白糖2kg，酱油3kg，白酒1kg，花椒100g，混合香料粉（八角、茴香、沙姜等）100g，亚硝酸钠10g。

2. 制作

（1）灌　将兔肉切成蚕豆大颗粒，肥肉切成小于瘦肉一半的颗粒后洗净，拌好配料，灌入清洗干净后的肠衣内，排除空气，每隔13cm为1节，每10节为1挂。

（2）晾　拴结后再用温水清洗一次，洗好后，穿在竹竿上，把水气晾干，再挂于通风干燥处，经10～15d风干，即为成品。

（3）熏　也可再烟熏，使之具有浓郁腊香味，并延长保质期。

（4）熟制　食用时蒸熟切片即可。

（六）葱烧兔肉

1. 原辅料

原料：兔肉500g，京葱50g。

调料：酱油5mL，精盐5g，黄酒25mL，白糖5g，姜片5g，麻油25mL，味精5g。

2. 制作

（1）准备　将兔肉切成3cm左右的小方块，京葱切成3cm长段。

（2）油炸　将兔肉在油锅中炸成金黄色时捞出；将京葱下油锅炸至金黄色。

（3）收汁　另取净锅，加麻油、姜片，放入兔肉、料酒、加葱段、鲜汤、精盐、酱油、白糖，用旺火煮沸，捞去浮沫，改用文火煮30min左右，再转猛火将汁水收干，加味精、麻油、葱油，拌匀即成。

（七）香酥兔肉

1. 原辅料

原料：白条净兔1只。

调料：精盐20g，黄酒20mL，葱末15g，鲜姜末5g，桂皮5g，八角5g。

2. 制作

（1）腌制　将洗净晒干的白条净兔肉外撒上食盐，浸腌12h。

（2）蒸　将兔胚放入钵内，加入葱末、鲜姜、桂皮、八角、黄酒等调料，放入蒸笼内上锅蒸30～45min。

（3）油炸　蒸好后稍晾，去水气，放入油锅中油炸2min，至色黄而脆时，取出即成。

（八）卤兔肉

1. 原辅料

原料：新鲜白条兔1只。

调料：精盐10g，花椒7.5g，八角7.5g，白芷10g，生姜10g，丁香0.2g，辣椒1个。

2. 制作　将洗净晾干的白条兔放入原汁汤锅中，加入配料，大火烧开后，用文火焖煮1～2h，熟透出锅后即为成品。

（九）生烤全兔

1. 原辅料

原料：肉兔1只(约1 500g)。

调料：胡椒面2.5g，五香粉2.5g，芝麻油100g，豆豉50g，熟花生油100g，精盐15g，姜汁30g，蒜泥30g，料酒30g，味精1.5g。

2. 制作

（1）准备　肉兔去内脏、头脚，洗净晾干，用竹针将肌肉厚处扎几下。

（2）腌制　豆豉压成泥状，锅内放入熟花生油，烧至120℃时，下豆豉、蒜泥，煸至酥香时起锅，冷却后与精盐、料酒、胡椒面、五香粉、姜汁、味精调匀，抹于兔身内外，挂于通风处，吹凉待用。

（3）烤制　将兔子装入烤盘，在120℃左右烤箱中烤熟，期间刷芝麻油1～2次。

（4）制成　冷却后，擦去兔身上的调料，斩块装盘，淋上芝麻油即成。

（十）兔肉萝卜枸杞煲

1. 原辅料

原料：兔肉500g，萝卜250g，枸杞子10g。

调料：高汤、色拉油、精盐、白糖、料酒、丁香、葱、姜、香油各适量。

2. 操作

（1）准备　将兔肉洗净斩成块，萝卜洗净去皮切成滚刀块，枸杞子稍泡洗净备用。

（2）煲汤　净锅上火倒入色拉油，葱姜、丁香爆香，下入兔肉煸炒至变色，烹入料酒，下入萝卜翻炒，倒入高汤，调入精盐、白糖，下入枸杞子煲至熟透，淋入香油，起锅。

第六章　禽肉制品的安全
选购与健康利用

　　我国是世界家禽饲养、生产、消费和贸易大国，禽肉产量占世界总产量的20%，其中鸡肉产量占禽肉总产量的70%以上。所谓禽肉制品，就是运用物理或化学的方法，配以适当的辅料和添加剂，对禽肉原料进行工艺处理最终所得的产品。禽肉制品具有高蛋白、低脂肪、高营养等特点。禽肉经过加工，可以杀灭污染于原料中的各种微生物，以保证食品卫生，提高食用安全性，改进组织结构，提高制品的色、香、味。加工后大多数的禽肉制品成为可直接食用的方便食品，越来越成为人们生活中必不可少的餐桌食品。本章主要介绍了禽肉制品的安全选购、安全存储及健康食用，希望为消费者提供一定的参考。

畜禽产品安全选购与健康食用指南

第一节　禽肉制品的安全选购

一、禽肉制品的种类

　　禽肉在我国主要包括鸡肉、鸭肉、鹅肉等，目前我国市场上以鸡肉所占比例最高，除此之外，西方国家火鸡的消费量也很大。我国传统的禽肉制品主要是以鲜、冻禽为主要原料，经选料、修整、调味、成型、熟化(或不熟化)、包装等工艺制成的食品，禽肉类食品按加工方法可分为腌腊肉制品、酱卤肉制品、熏烧烤肉制品、熏煮肠类制品等几类。

（一）禽类鲜肉制品

1. 热鲜禽肉　是家禽宰杀后不经冷却加工，直接上市的禽肉。也就是我国传统家禽肉品生产销售方式，一般是凌晨宰杀、清早上市或者是现场宰杀。由于加工简单，长期以来热鲜禽肉一直占据我国禽肉市场。

2. 冷鲜禽肉　是指对屠宰后的家禽胴体迅速进行冷却处理，使胴体温度在24h内降为0～4℃，并在后续加工、流通和销售过程中始终保持0～4℃范围内的生鲜禽肉。冷鲜禽肉看起来比较湿润，摸起来柔软有弹性，加工起来易入味，口感滑腻鲜嫩，冷鲜禽肉在-2～4℃温度下可保存7d。

（二）冷冻禽肉制品

冷冻禽肉是指家禽宰杀后，经预冷排酸、急冻，继而在-18℃以下储存，深层肉温达-6℃以下的肉品。优质冷冻肉一般在-28℃至-40℃急冻，肉质、香味与新鲜肉或冷却肉相差不大。冷冻禽肉一般在大的家禽生产企业较为常见，一般用于出口或者作为某些食品的加工原材料。冷冻家禽肉方便长距离运输和长时间保存。

（三）腌腊禽肉制品

腌腊肉制品是以鸡肉、鸭肉、鹅肉等禽肉为主要原料，将生制品用盐和硝酸盐、糖、调料等，经过一定时间的腌渍和修整而制成的一种腌制品，其目的是使盐分、调料等进入肉组织，提高制品的风味、色泽、储藏性和保水性。通常使用的腌制方法有干腌法、湿腌法、混合腌法和盐水注射法。传统的腌腊肉制品种类丰富，过去一般在冬天加工，随着人工制冷技术的应用，目前四季均可加工生产。如板鸭、咸鸭等制品，该类产品属于生制品，需进一步熟制后才能食用。

1. 鸡肉腌腊制品　鸡肉腌腊制品主要有风鸡、板鸡、腊鸡等。风鸡是我过南方地区冬季普遍加工的腌腊制品，产品肉质细嫩，保藏期长，比较有名的是长沙风鸡、成都风鸡、姚安风鸡等。

2. 鸭肉腌腊制品 鸭肉腌腊制品最著名的是板鸭，以南京板鸭、南安板鸭、白市驿板鸭最为有名（彩图26）。南京板鸭距今已有500多年的历史，其特点是外形较干，状如平板，体肥、皮白、肉红，肉质酥烂细嫩，根据制作季节不同分为腊板鸭和春板鸭两种。南安板鸭是江西名特产品，它造型美观，皮肤洁白，肉嫩骨酥，辣味浓香。其他鸭肉腌腊制品还有南京琵琶鸭、生酱鸭等。

3. 鹅肉腌腊制品 鹅肉腌腊制品有风鹅、板鹅等（彩图27）。风鹅属于腌腊鹅制品，季节性生产，一般煮熟食用，色、香、味俱全，肥而不腻，酥嫩可口。板鹅则是人们根据板鸭的制作工艺开发出来的鹅肉类腌腊制品，口感风味与板鸭类似，肉质较板鸭更有咀嚼性。

（四）酱卤禽肉制品

酱卤禽肉制品是我国的传统肉制品之一，将禽类生制品和各种配料以水为加热介质煮制而成的一大类熟肉制品，其中有酱烧、酱汁、卤等工艺，成品可直接食用，产品酥润，风味浓郁，但不宜储藏，适于就地生产和供应。根据地区不同的饮食习惯，形成了许多独特的地方特色产品，如德州扒鸡、道口烧鸡、酱鸭、盐水鸭等。

1. 鸡肉酱卤制品 以鸡肉为原料制作的酱卤制品中最传统的是烧鸡，烧鸡品种繁多，较为有名的是河南道口烧鸡、山东德州扒鸡、安徽符离集烧鸡等。烧鸡加工工艺主要包括选鸡→宰杀、脱毛→开膛→造型→上色油炸→卤制→保存。白斩鸡也是我国在广东、广西一带的传统名肴，成品皮呈金黄色，肉似白玉，骨中带红，皮脆肉滑，细嫩鲜美。

2. 鸭肉酱卤制品 盐水鸭是南京有名的特产，距今有400多年的历史，其制作不受季节限制，一年四季皆可生产，产品严格按照"炒盐腌、清卤复、烘得干、煮得足"的传统工艺制作而成，其特点是腌制期短，复卤期短，现做现卖。盐水鸭表皮洁白，鸭肉娇嫩，入口香醇味美，肥而不腻，咸度适中，具有香、酥、嫩的特点。其他鸭肉酱卤制品还有樟茶鸭、酱香鸭、香酥鸭等。

3. 鹅肉酱卤制品　主要产品有盐水鹅、卤鹅、糟鹅、酱鹅等。盐水鹅是南京市的特产之一，是熟制品，制作时间短，产品特点是色泽淡白，鲜嫩爽口，味道清香，风味独特。卤鹅是潮汕地区著名食品，在重庆四川等客家人聚集的地方也是卤鹅的重要消费区域，选用狮头鹅、四川白鹅制作而成，主要特点是香滑入味，肥而不腻，口感饱满，回味悠长，尤其以荣昌卤鹅为代表（彩图28）；糟鹅是江苏苏州著名的风味制品，以文明全国的太湖白鹅为原料制作而成。酱鹅产品呈琥珀色，气味芬芳，口味甜中带咸，鲜嫩味美。

（五）熏烧烤禽肉制品

熏烧烤禽肉制品是将禽类生制品经过加工整理，加入各种配料后用烤炉制成的，成品呈现外焦里嫩，别具风味，如广东的烤鸭、烤鸡翅等。熏烧烤制品由于使用了熏、烤、烧特殊加工工艺，产品不仅色泽鲜艳，肉质嫩脆可口，风味浓郁，形态完整，深受广大消费者喜爱。

1. 鸡肉熏烧烤制品　烤鸡、常熟煨鸡、盐焗鸡、北京天德居熏鸡、沟帮子熏鸡等。烤鸡全国各地都要生产，是分布最广、产量最大的禽类烧烤制品，产品色泽鲜艳，油润光亮，体形完整丰满，香气浓郁，口感鲜美，外脆肉嫩，风味独特。北京的熏烤鸡以天德居熏鸡最著名，已有上百年历史，其特点是清香味鲜，富有回味。辽宁沟帮子熏鸡创始于清朝光绪年间，是辽宁北镇县著名的地方特产，具有外观油黄、暗红，肉质娇嫩，口感香滑，清爽紧韧，在我国北方很受欢迎。

2. 鸭肉熏烧烤制品　最具有代表性的是北京烤鸭，是我国著名特产，历史悠久，以选料严格、加工烤制技术精细、风味独特、食法多样等特色名扬中外。其特点是外脆里嫩、肉质鲜酥、肥而不腻。

3. 鹅肉熏烧烤制品 烧鹅是粤菜中的一道传统名菜，以整鹅烧烤而成，鹅体饱满，腹含卤汁，滋味醇厚。烤鹅产品表面色泽红润，口感皮脆肉香，肥而不腻，鲜美适口。

（六）油炸禽肉制品

油炸禽肉制品是利用油脂在较高的温度下对禽肉食品进行热加工而成，在高温作用下可以快速致熟，营养成分最大限度地保持在食品内不易流失。

1. 鸡肉油炸制品 香酥鸡是用肉用仔鸡经过几十种名贵中药材腌制及名贵香料精心调制，加以正确的烹炸方法，成品外酥里嫩，香气扑鼻，入口醇香，回味悠长，以江苏、宁夏、辽宁、广东、上海等地的香酥鸡最具代表性。油淋鸡是采用特殊的油淋炸法，既发扬炸菜香脆之长处，又保留原料鲜嫩之特色，产品表面金黄，皮脆肉嫩，香酥鲜美。全国各地都有各自的做法和特色，主要有湖南油淋鸡、浙江油淋鸡、广东油淋鸡等。另外还有京苏风味的纸包鸡、酥炸油鸡等。

2. 鹅肉油炸制品 主要产品有香酥鹅、脆皮鹅等。香酥鹅制作简便，产品颜色金黄，香酥可口，风味独特。

（七）其他禽肉制品

随着人们生活水平的提高及肉产品加工技术的进步，禽肉制品越来越丰富多样，其他禽肉制品还包括鸡肉脯、肉松、鸭肉串、烤鹅罐头和鹅肥肝酱罐头等。

二、禽肉制品常见的选购误区

（一）禽肉的选购误区

1. 认为肉禽长得快是激素催的 谈到激素鸡、鸭、鹅、许多消费者深信不疑。认为肉鸡42d、肉鸭28d就出栏，如果不是激素催的，哪能长这么快？这主要是由于消费者对肉禽育种及其配套生产技术等科技成果不了解，以讹传讹的结果。针对消费者的各种误解，科学家们对肉禽长快的原因进行了汇总分析。结论是：肉禽生长速度快是由遗传因素、营养水平和饲养技术水平共同决定的。

（1）遗传因素决定了肉禽的生长速度　早在20世纪初，人们就根据自己的个人喜好，通过对鸡的外貌和体型等性状进行个体选择。

20世纪40年代末至50年代初，国外专业的肉鸡育种公司运用数量遗传学技术开始从事肉鸡产肉性能的选择。育种专家们把生长速度快、饲料转化率高、体型发育好、产肉率高的鸡只挑选出来进行繁育。现代肉鸡育种的选择强度特别高，肉鸡核心群的留种率一般公鸡在1%以内、父系母鸡为7%～8%、母系母鸡为10%～12%。这种高强度选择生长速度快、饲料转化率高的肉鸡基因的方法保证了肉鸡育种的高速发展，所以现代肉鸡表现出生长速度快的遗传潜力不断地提高，肉鸡每年都有40～45g的体重进展，饲料转化率每年有−0.02～−0.025的提高，即每只商品肉鸡饲养到2.5kg时每年可以节约饲料50～65g，商品肉鸡达到2.5kg体重的日龄每两年减少约1d。原来肉鸡达到2.5kg体重需要52d，现在只要42d就可以达到了。

对照现在农户散养的土鸡品种而言，由于土鸡没有快速生长的基因，其生长速度明显比不过现代肉鸡就显得十分正常了。可以说，现代肉鸡能够长得这么快的关键点在于肉鸡具有生长速度快、饲料转化率高的品种基因。

（2）营养水平是肉禽快速生长的重要因素　在长期的肉鸡饲养实践中，人们发现要使肉鸡优秀的生长速度快、饲料转化率高的遗传基因得到发挥，需要给肉鸡饲喂高能量高蛋白的全价饲料。

现代肉鸡营养专家根据肉鸡生长发育的不同阶段的特点和营养要求，将玉米、豆粕、油脂、矿物质和微量元素等饲料原料进行科学的配方，制作成营养均衡的全价饲料来满足肉鸡不同生长发育阶段的营养要求。

肉鸡饲料通常分为三期：

首先是雏鸡料，粗蛋白含量21%～22%，能值为12 596.9 kJ/kg左右。

其次是中鸡料，肉鸡生长到14日龄之后、在出栏前7d的这个阶段饲喂中鸡料。通常粗蛋白含量为20%左右，能值大约为12 973.5kJ/kg。

最后是大鸡料，在肉鸡出栏前7d时，给肉鸡饲喂的饲料就更换成大鸡料了。大鸡料粗蛋白含量18%～20%，能值达到13 392kJ/kg左右。

正是这种营养均衡的高能量高蛋白的全价饲料为肉鸡健康、快速的生长提供了物质基础，使肉鸡具有的生长速度快、饲料转化率高的基因能够发挥出它的遗传潜力。

（3）饲养技术水平的提高也是肉禽优秀遗传能力可以充分发挥的重要因素　初生雏禽皮下脂肪少，毛相对较少，保温能力差，利用能量产温能力也差。肉禽28日龄以后，羽毛开始长齐，体温调节机制开始健全，开始逐渐适应外界环境。同时由于肉禽具有快速生长的基因，又饲喂营养均衡的高能值高蛋白的全价饲料，肉禽本身的新陈代谢速度特别快，它对饲养环境的温度、湿度和空气质量的要求特别高。满足肉禽的这些环境控制要求，肉禽健康快速的生长发育才有保障。

现代化的养殖技术和装备充分地掌握了肉禽不同生长阶段对外界光照、温度、湿度、通风等的最适要求，并在卫生防疫等方面科学安排，在此基础上实现了肉禽生长环境的可控化。因此，可以最大限度地发挥肉禽的优秀生产性能。

2. 认为散养家禽更营养　许多人认为散养鸡的肉营养会

好于圈养家禽，因此在选购家禽时宁愿花更多的钱去购买散养家禽。从营养角度来看，我们食用家禽主要是从中摄取蛋白质、脂肪、矿物质、维生素等物质，散养家禽与圈养家禽在很大程度上在上述营养物质的种类及含量上没有明显的差异。甚至在某种程度上来看，圈养家禽由于饲料配方营养更全面，导致圈养家禽禽肉营养更丰富些。散养家禽由于是自由觅食，食物来源不稳定，食物的营养也不确定，所以许多时候散养家禽会存在某些营养素缺失的情况发生。因此，说散养家禽更营养是缺乏科学根据的。

散养家禽生长速度较慢，因此出栏时间延长，导致体内呈味物质含量会高于圈养家禽，按照中国人爱炖汤的饮食习惯，从炖汤的口感上来讲，饲养期更长的散养家禽的汤滋味相对更好些，这是形成上述误区的根本原因。

（二）禽肉制品的选购误区

不少消费者认为，禽肉制品的外表看起来越新鲜越好，这其实是一种消费误区。因为肉制品和新鲜肉不同，一些外观好看，肉色过分鲜艳的禽肉制品很可能是添加过量人工合成色素或发色剂亚硝酸盐。购买腊味时，最好挑选肌肉呈鲜红色或暗红色、脂肪透明或呈乳白色的。此外，好的腊味有光泽，无盐霜，肉身干爽、结实，富有弹性，手指压过之后没有明显的凹痕。如果腊味的表面潮湿、无弹性甚至发黏发滑，则会容易滋生细菌，或者可能已经变质，最好不要购买。

腌腊食品有其固有的香味，如果香味消失，出现酸败腐臭味或奇怪的味道，则说明变质了，或者是用病死生禽的肉腌腊而成的。在选购腌腊食品时，还要看清有无食品生产许可标志即"SC"或"QS"标志，然后细心检查生产日期和保质期。挑选的时候，最好选择真空包装的腌腊制品，并检查真空包装袋有没有破损，因为封口不严或者包装袋破裂，会很容易发生霉变。

三、如何安全选购禽肉制品

（一）安全选购禽肉

1. 辨别是活杀还是死宰

（1）眼睛　健康鸡正常屠宰眼睛半睁半闭；病死鸡屠宰眼睛紧闭。

（2）放血　健康鸡正常屠宰颈部无血污；病死鸡屠宰后颈部血污明显，呈紫红色。

（3）颜色　健康鸡正常屠宰刀口平整，表皮细腻均匀，皮肤鲜亮，状态舒展，富有弹性，肉质有光泽；病死鸡皮肤松弛、粗糙，颜色暗淡，呈暗红或紫蓝色，鸡冠处最明显，肉质颜色不均匀，有血斑。

（4）鸡爪　健康鸡正常屠宰鸡爪呈舒展分开状态；病死鸡屠宰后鸡爪呈收缩状态（彩图29）。

2. 辨别注水禽肉　见彩图30。

（1）拍肌肉　注水禽肉会特别有弹性，用手一拍会有"噗噗"的响声。

（2）看翅膀　拨开翅膀仔细检查，若发现上面有红色针孔状斑点，且周围呈乌黑色就证明已经注水了。

（3）用手摸　拿起整只禽胴体，用手指拍一拍，若感到明显打滑，且皮下有肿块，不平滑，则注水的可能性比较大；未注水的禽胴体用手摸起来皮下是平滑的。

（4）抠胸腔　有些不法人员将水注入禽的胸腔中油膜和网状内膜里面，眼观可以看出上述组织呈明显的水泡状，用手指抠破水泡会有水分流出，则证明是注水肉。

（5）用纸试　用一张干燥易燃的薄纸，贴在禽胴体表面，稍加压力片刻，然后取下用火点燃，注水肉会因为内部水分渗出沾湿薄纸而影响纸的燃烧；而未注水的肉则不会有水分渗出，薄纸容易燃烧。

（二）安全选购禽肉加工产品

目前我国禽肉制品加工企业有大型企业、小型企业及家庭作坊，食品安全保障体系保障人类消费任何一类食品的绝对安全（危险性为零）的难度很大，因此食品消费者要熟悉各种食品质量状况的常识，熟练掌握感官鉴别知识，仅可能避免因购买劣质禽肉制品对人体健康造成的损害。禽肉制品多为熟肉，熟肉制品卫生标准规定了卫生指标要求、检验方法及食品添加剂、生产加工过程、包装、标识、运输、储存的卫生要求。首选是原料要求，原辅料应符合相应标准和有关规定；其次是感官指标，无异味、无酸败味、无异物，肉干制品无焦斑和霉斑；第三是理化指标；第四是微生物指标。

要安全选购禽肉制品，首先要明确是哪类制品，然后根据其主要特点进行选购。购买生制禽类制品时，应选择色泽鲜明，精肉呈鲜红色或暗红色，脂肪透明或呈乳白色，肉身干爽、结实、富有弹性，指压后无明显凹痕，无明显酸败味、无异味的。

随着人民生活节奏的加快，购买熟肉制品成为许多人的选择，由于技术条件的限制，购买时主要靠感官鉴别优劣。因此消费者在购买熏、酱、腌制禽肉制品时，应注意以下几点：

1. **外观检查** 在购买熟制禽类制品时，可采用眼看、鼻闻、手摸的方法来鉴别其新鲜程度。对于挂糊的熟肉制品，在购买时应掰开表面糊，观察内部炸肉，若色泽不正、发黏、有臭味，则属变质肉制品。选择表面干爽的产品，表面潮湿的肉制品容易有细菌繁殖。颜色过于鲜艳的肉制品也要谨慎购买。

2. **看包装** 熟肉制品是直接入口的食品，不能受到污染。包装产品要密封，无破损。不要在小贩处购买不明来历的散装肉制品，这些产品易受到污染，质量无保证。

3. **看标签** 挑选时应看产品包装上"SC"或"QS"（食品质量安全）标志的产品。规范的企业生产的产品包装上应标明品名、厂名、厂址、生产日期、保质期、执行的产品标准、配料表和净含量等。

4. 看生产日期 看包装上的生产日期，尽量挑选近期生产的产品。生产时间长的产品，虽然是在保质期内，但香味、口感也会稍逊。大型企业或通过认证的企业管理规范，生产条件和设备好，生产的产品质量较稳定，安全有保证。

5. 看储存条件 最好到大型购物商场和超市购买，这些场所有正规的进货渠道，生产周转快，冷藏的硬件设施齐全。

第二节　禽肉制品的安全存储

一、禽肉制品常见的存储误区

禽肉制品种类繁多，营养丰富，有些消费者认为经过加工后的禽肉制品只要低温保存即可，事实上禽肉制品在屠宰、加工、流通等过程中接触的各种污染源，均可导致微生物污染。禽肉中丰富的营养物质为微生物的生长、繁殖提供了良好的条件，结合适宜的温度和湿度，微生物便大量繁殖而使肉品腐败变质。一般情况下，禽肉在 $-23 \sim -18℃$、湿度90% ~ 95%条件下保存期限为3 ~ 8个月。

在正常条件下，刚屠宰的动物深层组织通常是无菌的，但在屠宰和加工过程中，肉的表面受到微生物的污染。起初肉表面的微生物只有通过循环系统和淋巴系统才能穿过肌肉组织，进入肌肉深部。当肉表面的微生物数量增多，出现明显的腐败或肌肉组织的整体性受到破坏时，表面的微生物便可直接进入肉中。鲜肉中的微生物主要有小球菌、葡萄球菌、芽孢杆菌等革兰氏阳性菌，肉的初始载菌量越少，用其加工后的禽肉制品保鲜期越长。腌肉制品的盐分高，室温下主要微生物是微球菌，真空包装的腌肉制品在储藏后期的优势菌仍然是微球菌，另外链球菌、乳杆菌、明串珠菌也占有一定比例。

二、禽肉制品的安全存储

禽肉制品存贮方法不当，容易腐败变质，影响食用者的身体健康，因此要对禽肉制品进行安全存储。目前最为广泛、效果最好、最经济的现代肉品储藏方法是低温保存。

低温环境的优越性在于抑制微生物的生长繁殖，抑制禽肉制品内酶的活性，延缓酶、氧气、光参与的生物化学反应，从而使肉品维持较长时间的新鲜度。微生物在生长繁殖时受很多因素的影响，温度的影响是最主要的。低温可以破坏微生物的细胞结构以及微生物的新陈代谢作用。几乎所有的微生物都不能在-18℃以下的温度内生存，但也有某些微生物会产生低温环境的适应能力。此外，酶的活性和温度有很直接的关系，肉类中的酶随温度的上升或下降也会产生相应的变化，一般肉类中的酶在温度为30～40℃最活跃，温度每下降10℃，酶的活性就减少1/2～1/3；当温度降到0℃时，酶的活性大多被抑制。

（一）冷冻肉存储

冷藏肉与冷冻肉应分开处理，买回的冷冻肉应立即放入冰箱冷冻保存。如果解冻后用不完又放回冷冻库，易造成污染，肉汁流失，保存期也会随之缩短。

（二）冷藏肉存储

一般保鲜膜包装的冷藏肉，保持在-2～5℃只能延缓部分细菌生长、繁殖，保存期限2～3d，一次不要买太多。

（三）鲜肉存储

整只或较大块禽肉若一次使用不完，可以分成合适的几部分，用两层塑胶袋或铝箔纸依每次用量包好，放入冷冻室，以后每次解冻一块，可保存半年。

（四）罐头肉存储

一般禽肉类罐头未开启前，可存放于室温下，但开罐后剩余部分应倒于碗内，上覆保鲜膜放在冰箱内冷藏保存。肉松或肉脯类的罐头，打开后的保存时间约为10d，打开后的吃剩部分，仍应盖紧，以免潮湿发霉。

（五）加工肉品存储

香肠、罐肠、肉干等肉制品，买回家后应放入冰箱冷藏，吃的时候开封。一次吃不完，应用塑料袋包好，再放回冰箱，以免变质。若放入冷冻室，也要在两个月内食用完。

（六）煮熟禽肉存储

放在冷藏室可维持5d，放入冷冻室可保持2～3周。存放时依次分装，并与卤汁一起冷冻，否则肉会变干硬。

第三节　禽肉制品的健康食用

一、禽肉的合理烹饪与搭配

禽肉以高蛋白、低脂肪、高营养而著称。经过加工，可以杀灭污染于原料中的各种微生物，以保证食品卫生，提高食用安全性；改进组织结构，提高制品的色、香、味；加工后大多数的禽肉制品成为可直接食用的方便食品，越来越成为人们生活中必不可少的餐桌食品。禽肉的蛋白质营养与畜肉的大致相同，与畜肉不同的是饱和脂肪酸含量较低。

中医理论认为，鸡肉具有温中益气、补精填髓、益五脏、补虚损的功效，可以治疗由身体虚弱而引起的乏力、头晕等症状。现代营养学上一直有"红肉"和"白肉"之分，前者指的是猪、牛、羊等肉类，后者指的是禽类和海鲜等，白肉的营养价值要高于红肉。鸡肉就是白肉中的代表，其增强人体免疫力的作用主要体现在所含有的牛磺酸上。牛磺酸可以增强人的消化能力，起到抗氧化和一定的解毒作用。在改善心脑功能、促进儿童智力发育方面，更是有较好的作用。尤其是乌鸡、火鸡等品种中，牛磺酸的含量更高，比普通鸡肉的滋补作用更强。

此外，禽肉不同部位的营养成分有所差异，胸脯肉的脂肪含量很低，而且含有大量维生素，如维生素B族和烟酸，后者能起到一定的降低胆固醇的作用；翅膀却含有较多脂肪，想减肥的人应尽量少吃一些，一般来说，饲养时间长的禽脂肪含量高于饲养日龄短者。禽肝中的胆固醇很高，与猪肝的含量基本接近，胆固醇高的人不要多吃。由于鸡肉具有很强的滋补作用，现代社会中天天忙忙碌碌、常处于亚健康状态的白领最好多吃一些，以增强免疫力，减少患病率。但也不是所有人都适合吃鸡肉进补，鸡肉中丰富的蛋白质会加重肾脏负担，因此有肾病的人应尽量少吃，尤其是尿毒症患者，应该禁食。

禽肉腌腊制品含有大量的盐分，而盐中的磷会使骨头变脆。磷与钙是组成人体骨骼的主要成分，二者缺一不可。食用腌腊禽肉制品的同时，应该多补充些含钙丰富的食物，或者服用一些钙片，补充体内含钙量的暂时不足，以达到骨质中钙、磷的平衡。吃腌腊制品后，应该多喝些绿茶，并多吃新鲜蔬菜和水果。

二、推荐食用方法

（一）腌腊禽类制品

产品干燥，较稳定，常温保存即可，为防止禽流感等疾病的传播，食用前必须彻底加热熟制，开封后尽快食用完。

（二）真空包装熟禽肉制品以及罐头类熟禽肉制品

由于经高温灭菌处理，产品已达到无菌要求，只需常温保存，没有必要冷藏，产品一旦开封应尽快食用完，未食用完的应放入冰箱冷藏。

（三）非真空包装酱卤肉类、熏烧烤类及熏煮肠类禽肉制品

由于含水率高，这类产品应全过程冷藏，这样才能保证肉制品不变质，最好是什么时候吃，什么时候买。如果想较长时间保存，也可冷冻，但口感会稍逊色。

熟肉制品食用有讲究。有些熟肉制品在食用前要用蒸、煮或微波炉加热等方法消毒，避免直接食用后引起不良后果。一般来说，肉类干制品如肉松类、肉干类和肉脯类，这类产品水分含量较低，常温保存即可，但是开封后应尽快食用完。火腿肠、真空包装熟肉制品及罐头类熟肉制品由于经高温高压灭菌处理，产品已达到商业无菌要求，所以只需常温保存即可，而开封后未食用完的，应放入冰箱冷藏。熏煮肠类和熏煮火腿类产品如西式方腿、红肠以及酱卤肉类产品由于含水率高，未达到商业无菌要求，所以这类产品应全程冷藏，而不同种类的产品有其不同的要求，应详看包装说明。

第七章 禽蛋制品的安全选购与健康利用

人类饲养的家禽种类繁多，包括鸡、鸭、鹅、鹌鹑、鸽子、鸵鸟等，家禽蛋是人类饲养的各种家禽所产的蛋（包括鸡蛋在内）的统称。通常意义上的禽蛋有鸡蛋、鸭蛋、鹅蛋、鸵鸟蛋、鹌鹑蛋等十余种。禽蛋除了含有人们熟知的多种营养物质外，还含有抗氧化剂，一个鸡蛋黄的抗氧化剂含量相当于一个苹果。瑞典研究人员也将其列为蛋白质食品中最低碳最环保的食品，在健脑益智、保护肝脏与心脑血管（得益于丰富的卵磷脂）、抵御癌症偷袭（富含抗癌物质光黄素、光色素，可抑制诱发鼻咽癌和宫颈癌的EB病毒增殖，并可降低女性罹患乳腺癌风险）等方面功勋卓著。此外，禽蛋蛋白质可以增加饱腹感，降低食欲，可以降低血糖反应与胰岛素反应，易于转化成肌肉组织，因而能显著减小体重指数、腰围，增加血浆生长素，促进人体向健康的形体发展。因此，禽蛋成了人类餐桌上一道离不开的养生佳品。

第一节 禽蛋制品的安全选购

一、禽蛋及其制品的种类

禽蛋含有丰富的蛋白质等各类营养物质，鸡蛋和鸭蛋是我国人民消费量最大的禽蛋种类。其中，我国鸡蛋消费以鲜鸡蛋为主，鸡蛋加工蛋制品占比不足总消费量的10%，主要用于糕点类产品的生产；鸭蛋由于腥味较重，受其影响，鲜鸭蛋消费量一直不大，而加工蛋制品则成为主要的消费方式。其中，皮蛋和咸鸭蛋是最主要的两大类产品。此外，随着食品工业的发展，蛋白粉、蛋黄粉、蛋液、咸蛋黄、蛋干等各类加工蛋制品需求量也逐渐增多。

二、新鲜禽蛋常见的选购误区

（一）异常蛋

正常生产情况下，新鲜禽蛋表面清洁光滑，蛋壳坚固完整，颜色均衡稳定，形体大小一致，拿在手中沉重感良好，互相碰撞声音清脆而不易破裂；打开蛋壳后内无杂质异物，蛋黄完整饱满，蛋白稀稠分明。如果产蛋家禽存在营养失调、代谢障碍、环境应激、疾病困扰、使用药物、管理不善等方面的问题和不足时，往往造成非正常蛋的产生。

（二）常见异常蛋的种类

1. 外观异常蛋

（1）血壳蛋　指蛋壳表面带有血迹（彩图31）。主要有两种类型：一是在蛋产出过程中因产道壁被强烈压迫造成出血，使蛋壳胶护膜外留有片带状鲜红血迹；二是在蛋壳形成后，因蛋壳腺黏膜弥漫性慢性出血，使蛋壳骨质层表面附着了血迹，后被形成的蛋壳胶护膜包裹而呈暗红色细小点状血壳蛋。这种血迹不易用水洗净，待浸湿后用指甲容易抠掉。由于蛋鸡产道出血，易形成感染，此类蛋鸡所产的血壳蛋有可能被微生物感染，因此，要避免选购此类鲜蛋产品。

（2）裂纹蛋　指蛋壳最外层胶护膜形成完整，而骨质层表面可见明显裂纹，但蛋液不能外漏渗出的鸡蛋（彩图32）。裂纹蛋在运输、储存及包装过程中，由于震动、挤压等原因，造成裂缝或裂纹，为细菌入侵开了方便之门，食用可能引起腹泻，因此选购鲜蛋时不宜选择此类鸡蛋。

（3）沙壳蛋　指子宫内部分泌物的钙质未得到酸化，而以颗粒状沉积于蛋表面（彩图33）。一是因蛋鸡缺锌使碳酸酐酶活性降低，导致蛋壳钙沉积不匀不全；二是钙过量而磷不足时，蛋壳上发生白垩状物沉积，使蛋壳两端粗糙如沙；三是由于输卵管部感染病毒使子宫部上皮细胞破坏，导致沙皮蛋出现；四是因为蛋鸡受到急性应激使蛋在子宫内滞留时间太长，而额外沉积了多余的"溅钙"。此类蛋一般不影响蛋的新鲜度，不影响食用。

（4）皱纹蛋 指蛋壳有皱褶的畸形蛋（彩图34）。其发生是因铜的缺乏，使形成蛋壳腺胶原和弹性蛋白的胶原减少而使蛋壳膜缺乏完整性、均匀性，在钙化过程中导致蛋壳起皱褶。此类蛋一般不影响蛋的新鲜度，不影响食用。

（5）粉皮蛋 指褐壳蛋颜色较正常蛋壳颜色变浅或呈苍白色。其发生原因是产蛋鸡感染病毒或受营养、环境应激后使蛋壳腺分泌色素卵嘌呤的功能受到影响所致。此类蛋一般不影响食用。

（6）不定型蛋 一些奇形怪状的蛋，如球形、扁形、长形、两端尖形等（彩图35），这些异常蛋的形成，主要决定于输卵管峡部的构造和输卵管的生理状态。一般此类蛋不影响食用。但是由于蛋鸡本身生理机能存在障碍，此类蛋可能会存在某些营养物质欠缺的情况。

（7）黏壳蛋 此类蛋储存时间过长，蛋黄膜由韧变弱，使蛋黄紧贴于蛋壳。如果局部呈红色尚可以吃，一旦蛋膜紧贴于蛋壳不动，贴皮又呈深黑色，且有异味者不可再食。

（8）臭蛋 臭蛋细菌侵入蛋内大量繁殖，引起变质，蛋壳呈乌灰色，甚至使蛋壳因受内部硫化氢气体膨胀而破裂，而蛋内的混合物呈灰绿色或暗黄色，并带有恶臭味，不能吃，否则有引起食物中毒的危险。

（9）双黄蛋 一般蛋体较大，蛋壳打开后有两个蛋黄连在一起。较多双黄或超大蛋发生的原因是蛋鸡育成期营养不良或管理不善，使生殖器官发育不够均衡。此类蛋不影响食用。

（10）发霉蛋 蛋遭到雨淋或者受潮，蛋壳表面的保护膜被冲洗掉，致使细菌侵入蛋内而发霉变质，蛋壳上可见黑斑并发霉，不能食用。

2. 内部异常蛋

（1）小黄蛋　指蛋黄体较正常蛋黄小的鸡蛋。一般小黄蛋蛋体较小，蛋黄较软，拿在手中有轻飘感。其发生主要是因饲料中黄曲霉毒素超标，影响肝脏对蛋黄前体物的转运和阻滞了卵泡的成熟所致。

（2）血斑蛋　血斑常出现于蛋黄，是排卵时卵巢破裂，血块随卵子下降被蛋白包围所致。其发生原因是日粮中维生素K不足或苄丙酮豆素等维生素K类似物过量，而使血凝机制正常作用受到影响，导致卵巢破裂出血。

（3）肉斑蛋　是在蛋形成过程中，蛋白中混入了少量的输卵管脱落黏膜。其发生原因是输卵管感染发炎。

（4）散黄蛋　运输过程中剧烈震荡，蛋黄膜破裂，造成机械性散黄；或者因存放过久，被细菌或霉菌经蛋壳气孔侵入蛋体内，破坏了蛋白质结构而造成散黄，蛋液稀薄浑浊（彩图36）。一般散黄不严重，无异味，经过煎煮等高温处理后仍可食用。如果已有细菌在蛋体内生长繁殖，蛋白质已经变性，且伴有臭味，不宜食用。

（5）血圈蛋　此类蛋多见于散养鸡产的受精蛋，由于温度、湿度等存储的条件不合适，造成蛋的自然孵化，受精蛋胚珠在孵化发育时死亡，在灯光下察看，蛋内可见有血圈，称为血圈蛋。孵化过程会消耗蛋内部的营养物质，因此此类蛋的营养物质含量较正常蛋低。且存储过久容易被微生物污染，当蛋有异味时不宜食用。

（6）混汤蛋　蛋黄和蛋清混为一体的为混汤蛋，不宜食用。

（7）泻黄蛋　由于蛋内微生物的作用或化学变化所致，透视时黄白混杂不分，全呈灰黄色；将蛋打开后蛋黄和蛋白全部变稀混浊，并带有不愉快的气味，不宜食用。

3. 气味异常蛋　多见于加工蛋制品。主要是皮蛋和咸蛋等加工蛋制品在存储过程中由于存储条件不适宜、储藏时间过久造成的。

皮蛋的气味异常多见于加工或储藏过程不慎造成的皮蛋的微生物污染造成的。在制作过程中蛋壳有裂痕或者配方控制不佳，会让蛋内之硫化氢外溢，而低浓度时有臭鸡蛋气味，不宜食用。

咸蛋在加工过程中用盐量过低、存储过程中温度过高等，会造成咸蛋蛋清被微生物污染而发臭的情况。选购时采用闻的方法可以鉴别有异味的咸蛋。

三、如何安全选购禽蛋

（一）看

第一，看蛋的颜色。鲜蛋的蛋壳上附着一层霜状粉末，蛋壳颜色鲜明、气孔明显属于新鲜之品，反之则为陈蛋。血壳蛋的出现说明产蛋鸡生理状态不佳，如果是鲜蛋，则不影响食用；黏壳蛋、发霉蛋等外观颜色异常蛋说明此种鸡蛋存储时间过久，甚至已经污染微生物，食用品质严重下降，因此要谨慎选购。

第二，看蛋的状态和形状。裂纹蛋因表面有裂纹，容易被微生物污染，因此购买时要谨慎选购；沙皮蛋、皱纹蛋、粉皮蛋、不定型蛋等形状异常蛋一般来说在新鲜状态时不影响食用，但是这类形状异常蛋的产蛋鸡在生理上均存在一定的问题，可能需要进行一定的治疗。因此，部分形状异常蛋可能在营养和安全方面略逊于正常蛋。比如不定型蛋中的无黄蛋因没有蛋黄，其营养价值与全蛋相比则明显降低。

第三，散黄蛋、血圈蛋、混汤蛋、泻黄蛋等异常蛋因存放时间久、存储条件不适宜等问题，已经造成蛋品质显著下降，食用品质大大降低。遇到此类蛋应该谨慎选购和食用。

（二）试

将鸡蛋放入冷水中，上浮的是陈蛋（因存放时间过久而造成气室变大，密度变低）。此类蛋营养品质显著降低，如果有异味则不宜食用。

（三）摇

用手轻轻摇动，没有声音的是鲜蛋，有水声的是陈蛋，对于陈蛋，食用时要谨慎辨别是否存在腐败情况，有腐败气味的蛋不可食用。

（四）嗅

用鼻子嗅蛋的气味，鲜蛋表明气味正常，那些闻起来有臭味的蛋则属于臭蛋，已经被微生物污染，不可食用。

第二节　新鲜禽蛋的安全存储

一、新鲜禽蛋的存储误区

人们购买禽蛋及其制品时多是成批选购，存起来逐个消费。蛋品的储藏关系食用时蛋品质的高低与人们的饮食健康。但在实际生活中，人们对蛋品的储藏通常较为随意，储藏环境和方法也各不相同，导致蛋品在储藏过程中各种问题频出，蛋品质量无法保障。常见的蛋品储藏误区简介如下。

（一）先清洗再存储

由于饲养环境等原因，鲜鸡蛋的表面经常可以看到粘有鸡毛、鸡粪、血迹等异物，一些消费者为了蛋品表面清洁，常常会采用清水清洗蛋品表面污物的方法来使蛋品表面保持清洁。这种先清洗后存储的方式是影响蛋品储藏时间的重要因素。因为新鲜蛋品的表面会有一层蛋鸡体内分泌的蛋壳膜（白霜），此膜起到封闭蛋壳上气孔的作用，既能防止细菌进入鸡蛋内，又能防止蛋内水分的蒸发，从而保持蛋液的鲜嫩。用水冲洗后，"白霜"就会脱落，细菌侵入，水分蒸发，导致鸡蛋变质。

（二）储藏温度过高或过低

不同温度条件对蛋的存储时间有比较大的影响。一般来说，温度越高，蛋的保存期越短，而蛋壳破损将加速蛋的变质，见表7-1。而储藏温度过低也会对蛋品质造成严重影响。研究表明，鲜蛋蛋白的冰点为$-0.45℃$，蛋黄的冰点为$-0.55℃$，由于蛋壳有一定的保温作用，所以整个鲜蛋在$-0.7℃$开始结冰。鲜蛋在低于$-0.7℃$条件下存储时，容易出现蛋液结冰、蛋壳破碎、蛋白变性等现象，降低蛋的食用品质。因此，鲜蛋存储温度不宜过高，也不宜过低，一般控制在$2～6℃$最好。

表7-1　不同温度条件下完整蛋和破壳蛋的腐败时间与存储温度之间的关系

温度（℃）	35	20	10	5	0
破壳蛋	10h	22 h	37 h	124 h	较长时间
完整蛋	半个月	2个月	4个月	8个月	长时间

（三）储藏湿度过高或过低

鲜蛋在存储过程中除了受温度的影响外，储藏环境的空气湿度对蛋品质也有重要影响。一般而言，60%的湿度对鲜蛋的储藏较为合适，湿度太低则鲜蛋在存储期间的干耗会比较大，而存储湿度过大则蛋在存储期间发霉的概率会增大。

（四）储藏时间过久

研究表明，蛋的品质与储藏时间呈显著的负相关。在最适储藏条件下（2.5℃），不同储藏时间与蛋品质之间的关系见表

7-2。由表可知，即使在最佳储藏温度条件下，裂纹蛋的存储时间也不宜过长，一般不超过5d。正常鲜蛋储藏期一般以1个月为宜，时间超过2个月则会出现部分蛋品腐败、气室变大、蛋黄指数变小等蛋品质劣变现象。

表7-2　2.5℃冷藏条件下蛋品质变化规律

	项目	冷藏前	1个月	2个月	3个月
全蛋品质	失重(%)	—	1.16	1.72	5.28
	气室高度(mm)	2.58	2.86	4.85	6.35
	蛋黄指数	0.445	0.435	0.431	0.404
	腐败率(%)	0	0	1.6	4.0
蛋黄	水分(%)	49.93	50.95	53.07	54.42
	蛋白质含量(%)	16.26	16.12	15.72	15.22
蛋白	水分(%)	87.67	87.54	86.82	86.42
	蛋白质含量(%)	10.59	10.54	11.54	11.69

二、新鲜禽蛋的安全储藏

我国广大城市居民一般选择使用冰箱储藏蛋品，而广大农村居民蛋品储藏方法则多种多样，一般根据具体情况可采用浸泡、涂膜、糠壳、细沙等方法进行储藏。

（一）冰箱储藏方法

1. 独立空间储藏　鸡蛋要在专用储藏箱里存储，储藏箱不要密封，要留有呼吸孔，因为存放过程中鸡蛋也需要"呼吸"，向外蒸发水分，用塑料盒保存，盒内不透气，里面的环境潮湿，会使蛋壳外的保护膜溶解失去保护作用，加速鸡蛋变质。同时储藏箱要用使每个鸡蛋有独立的存放空间，避免直接暴露在空气里，这种储存方式可以预防鸡蛋产生裂缝，同时可以防止蛋壳上有沙门氏菌和其他细菌污染冰箱内的其他食品，并可以保证鸡蛋不受冰箱异味及其他食物气味的污染，能够延长鸡蛋的保存时间，是最好的冰箱储藏方式之一。

2. 储藏位置 从超市把鸡蛋买回来之后，就赶紧把它放到冰箱里。放置位置最好处于冰箱中温度波动较小的地方，一般是放在冰箱下层架子上。

鸡蛋放置时应竖着存放，并且大头朝上。新鲜的鸡蛋清浓稠，能够有效地固定蛋黄位置。但随着存放时间的延长，蛋清中的黏液素就会在蛋白酶的作用下慢慢变稀，失去固定蛋黄的作用。由于蛋黄的比重比蛋清小，鸡蛋横放，蛋黄就会上浮，靠近蛋壳，变成贴黄蛋或靠黄蛋。如果把鸡蛋大头朝上竖放，蛋头内会有一个气室，里面的气体就会使蛋黄无法贴近蛋壳。

3. 储藏温度和湿度 鲜蛋存储温度一般控制在 2 ~ 6℃，湿度控制在60%左右较为适宜。从冰箱中取出的鲜蛋要尽快食用，不能再久置，且尽量不要再次冷藏。

4. 避免串味 鸡蛋不要和葱、姜、蒜等有强烈气味的食品材料一起放置保存，以免串味影响蛋的烹饪口感和滋味。

（二）其他储藏方法

1. 涂膜法

（1）食用油保鲜法 在鲜蛋蛋壳上涂抹一层薄薄的食用油，存放在干燥阴凉的地方，可保存 2 ~ 3 个月。

（2）石蜡保鲜法 将鲜蛋放入液体石蜡中浸染 1 ~ 2min 取出，经24h晾干后置于坛内保存，100d后检查，保鲜率仍可达100%。

（3）蜂蜡混合液保鲜法 把10份蜂蜡、2份酪素、1.5份白糖与100份水混合，然后将鲜蛋放入，浸几秒钟后捞出晾干，保存3个月，好蛋率达96%以上。

（4）涂药保鲜法 将猪油烧制成熟油，每千克加灰黄霉素1.2g，鲜蛋用1%过氧乙酸消毒，然后将配制好的猪油涂于蛋壳表面，涂好后置于容器内即可。每千克鲜蛋耗油7g，可保存5个月不变质。

2. 草木灰藏存保鲜法 以缸、坛或罐做容器，先在底层铺上一层10cm左右厚的干燥木灰，然后一层蛋一层灰地铺好，最后一层灰厚一点，放在通风干燥处保存，可以保质3个月以上。

3. 黄砂保鲜法 将黄砂过筛晒干晾透，垫铺容器底层，在其上放一层鸡蛋，再盖满砂土，使之不留空隙，不露出鸡蛋壳，每月翻动1次，可保存3～4个月。

第三节 禽蛋及其制品的健康食用

禽蛋是我国居民蛋白质的重要摄取来源之一。近年来随着蛋品消费量的逐渐增加，关于蛋品胆固醇对人体健康影响的研究和相关报道也越来越多。各种不实报道使广大消费者对蛋品的营养与安全性产生了各种错误认识，由此引发了各种矛盾的消费心理。因此，蛋品消费需科学的引导和大力的正面宣传。

一、各种对蛋品营养与安全的误传

（一）关于土鸡蛋

很多人认为土鸡蛋会更好吃，营养也会丰富一些，但检测表明，土鸡蛋里的营养含量并不比普通鸡蛋高。而且放养土鸡的产蛋环境卫生状况也是一个问题，由于土鸡生长的环境不好，鸡蛋受到鸡屎污染的情况也比较多。

（二）关于不同颜色的鸡蛋

红壳鸡蛋比白壳鸡蛋唯一的优势在于蛋壳比较厚，储存时间长一些，但是其中所含的营养相差无几。

（三）关于生吃鸡蛋

吃生鸡蛋是非常危险的，因为生鸡蛋中很有可能带有沙门氏菌，吃生鸡蛋很容易感染，导致发热、腹泻、腹痛等。

（四）关于感冒时吃鸡蛋

人在感冒发烧时，抵抗力有所下降，基本上是食不知味，体内缺乏营养。大家都知道鸡蛋中含有大量的蛋白质，所以，吃鸡蛋对于病情的恢复是有所帮助的。生病时尽量吃鸡蛋羹，蛋花汤，不要吃油炸或者煎蛋。而传言中感冒不宜吃鸡蛋的说法是不科学的。

（五）关于产妇要多吃鸡蛋

产妇坐月子时大量吃鸡蛋是我国一个习俗，但在食物丰富的今天，已经不再适宜。产妇一天吃十个鸡蛋跟吃两个鸡蛋身体所吸收的营养基本是一样的。吃多了会增加肠胃负担。为了身体健康需要，产妇应该保证食物多样性，除了每天吃一两个鸡蛋，还要吃肉类、奶类、豆类、粮食和果蔬，以达到膳食平衡。否则，过多食用鸡蛋而减少其他种类食材的摄入会导致营养不平衡。

（六）关于"初生蛋"和"功能蛋"

一般来说，鸡在生长期130～160d之内所产的蛋都会被称为初生蛋。没有任何检测证据表明，初生蛋的营养素含量比普通鸡蛋更多。实际上，初生蛋个头较小，每个约40g，因重量不够标准，在国外是不允许出售的。

而功能蛋是指通过饲料技术使鸡蛋富含锌、碘、硒、钙等营养素。听起来功能蛋营养十分丰富，但实际上，因为没有标准也不好检测，很多产品都有过度宣传之嫌。因此，说"初生蛋"和"功能蛋"更营养缺乏足够的科学依据，更多的是概念炒作。

（七）蛋黄颜色与营养

鸡蛋在母鸡体内形成的时候，脂溶性色素随着脂肪等物质沉积在卵母细胞周围，提供蛋黄的颜色。叶黄素就是这样一种色素，它是一种类胡萝卜素。动物自身并不能生产类胡萝卜素，只能通过食物链获得，蛋黄的颜色就来自于鸡的食物。在鸡饲料中添加叶黄素就能达到加深蛋黄颜色的作用，所以，从蛋黄颜色并不能判断是放养的鸡还是笼养或者规模化饲养的商品蛋鸡，也不能因此认定鸡蛋营养价值的高低。

（八）鸡蛋和豆浆搭配

有人认为，大豆中含有胰蛋白酶抑制物，会影响蛋白质在体内的消化吸收。但大豆经过加热熟制，制成豆浆后胰蛋白酶抑制物在加热的过程中被破坏，同鸡蛋一起食用没有任何问题。事实是鸡蛋与未煮熟的豆浆搭配会降低鸡蛋的营养价值。

二、蛋的合理烹饪与食用

蛋的烹饪方式有蒸、煮、煎、炒、腌、卤、烤等多种形式。如何合理地进行蛋品烹饪关乎蛋品的营养、安全与食用品质。

（一）蒸

蒸蛋是中国的一种家常菜肴。科学研究表明，从鸡蛋营养的吸收和消化率来讲，蒸蛋的消化率可以达到100%。可见蒸蛋是一种较好的蛋品食用方式。蒸蛋的方法多种多样，下面介绍几种蒸蛋的具体制作方法。

1. 水蒸蛋

材料：鸡蛋2只，葱1棵。

配料：盐1/5汤匙，油1/3汤匙，鸡精1/3汤匙。

做法：

（1）先将一个鸡蛋打入碗中，再拿起第2个鸡蛋在其顶部敲一个小口，倒出蛋清和蛋黄，蛋壳留着备用。

（2）在蛋壳里盛满温水，倒入蛋液里，两个鸡蛋需要兑两个蛋壳的温水。

（3）往蛋液里加1/5汤匙盐、1/3汤匙油、1/3汤匙鸡精，搅匀调味后，用筷子顺一个方向打蛋液5min。

（4）大火烧开锅内的水后，放入蛋液并盖上锅盖，隔水小火蒸15min。

（5）取出蒸好的水蛋，撒上葱花，水蒸蛋即成。

烹调技巧：

（1）水量　蛋液和温水的比例是1∶1，不能拿捏放多少水量，可直接用蛋壳来兑，这样准确率高。可用温牛奶代替温水，让水蛋味道更加鲜美。

（2）打蛋技巧　通常水蛋内会有蜂窝孔，有部分原因是打蛋技巧不佳使蛋液内产生气泡，因此打蛋时应顺一个方向不停地搅打，直至蛋液变得细滑，才下锅清蒸。

（3）火候　蒸水蛋一定要用小火慢炖，火候过大，水蛋容易变老。

2. 彩色蒸蛋

材料：鸡蛋、皮蛋、灰包蛋、咸蛋黄。

配料：香葱、姜、盐。

做法：

（1）所有蛋切小粒，鸡蛋的蛋清、蛋黄分开，姜磨泥滤汁。准备好一个不粘的容器，刷一层油。盐、姜汁分两份分别加入蛋黄和蛋清中搅拌均匀。

（2）3种蛋粒铺在容器下面，蛋清倒进去。

（3）放入蒸锅，开水上锅蒸10min。

（4）蛋黄倒在上面，蒸15min即可。

（5）取出切块装盘，用香葱装饰即可。

3. 肉末蒸蛋

原料：鸡蛋、猪肉馅。

配料：油、盐、葱、姜、生姜。

做法：

（1）将鸡蛋打入碗中，加少许生抽和盐，搅拌均匀。

（2）加入两倍于蛋液的温水，搅拌均匀，滤出蛋液上浮着的泡沫，最后盖上盖子放入蒸锅中。

（3）冷水上锅，水开后转中火蒸 10 ～ 15min。

（4）炒锅热油，放入生姜片爆香后捞出生姜不要，再放入葱花，肉沫煸炒，加几滴料酒，肉沫煸炒至颜色发白，加少许老抽和生抽、水煸炒，撒葱花，加少许盐和糖调味后翻炒出锅；将炒好的肉沫倒在蒸好的鸡蛋上即可。

（二）煮

如果方法得当，煮蛋的消化率也可以与蒸鸡蛋一样达到100%。有人认为鸡蛋煮的时间越长越好。其实，鸡蛋在长时间加热过程中蛋黄中的亚铁离子与蛋白中的硫离子化合生成难溶的硫化亚铁，很难被吸收。煮不熟的鸡蛋危害更大。生鸡蛋不但存在沙门氏菌污染问题，还有抗酶蛋白和抗生物素蛋白两种有害物。前者会影响蛋白质的消化吸收；后者能与食物中的生物素结合，导致营养损失。而鸡蛋一经煮熟，上述两种物质才会被破坏。

煮蛋的窍门：

1. **泡水**　在煮鸡蛋之前，最好先把鸡蛋放入冷水中浸泡一会儿，以降低蛋内气压，防止煮沸时蛋壳破裂，保持鸡蛋外形完整。水必须没过蛋，否则浸不到水的地方蛋白质不易凝固，影响消化。

2. **火力**　煮鸡蛋时若用大火，容易引起蛋壳内空气急剧膨胀而导致蛋壳爆裂；若使用小火，又延长了煮鸡蛋的时间，而且不容易掌握好蛋的老嫩程度。实践证明，煮鸡蛋以中火最为适宜。

3. **时间**　在确定了火力大小之后，只要准确地掌握好煮蛋时间，就能够随心所欲地控制蛋的老嫩程度。例如，煮软蛋，水开后煮3min即可。此时蛋清凝固，蛋黄尚呈流体状；煮溏心蛋，水开后煮5min即可。此时蛋清凝固，蛋黄呈稠液状，软嫩滑润；煮硬蛋，水开后煮7min即可。此时蛋清凝固，蛋黄干爽。需要注意的是，煮硬蛋时切不可随意延长时间。因为鸡蛋在沸水中煮的时间过长（超过10min）时，鸡蛋内部会发生一系列化学变化，从而降低鸡蛋的营养价值。

（三）煎

煎蛋是多数人比较喜爱吃的一种蛋品烹饪形式。一颗色、香、味、型俱全的煎蛋一般要求蛋白颜色不能过深，嫩白而不焦黄，煎蛋的香味十足，蛋黄呈半球体，在蛋白中间，不能破裂。

1. **热锅**　锅里什么都不放，大火将锅烧热，加一点油，再稍放一点盐。很多人喜欢把油烧到很高的温度才将蛋打入锅内，这个时候由于油温很高，容易导致溅油，同时高温容易将蛋煎煳。冷油放蛋可以避免这个问题。

2. **油煎**　把蛋打入锅内，虽然是冷油，但是锅的温度还是很高，所以马上关小火。如果持续用大火加热，容易导致蛋白焦煳，而蛋黄不熟。所以要改用小火来煎。

3. **加水**　1min后蛋白有些凝固时，往鸡蛋上加两勺热水，马上盖上锅盖。加热水后盖上锅盖其作用是使锅内水分可以对未熟的蛋黄起到焖煮熟化的作用，这样可以防止蛋白焦煳，同时又能使煎蛋鲜嫩爽滑。

4. **完成**　用小火继续煎1～2min即可。

（四）炒

炒鸡蛋是以鸡蛋为主要食材，葱、盐、食用油为调料炒制的一道菜。色香味俱全，营养价值丰富，含有丰富的蛋白质。

1. **打蛋**　鸡蛋打入碗中后适量加点盐，用筷子朝一个方向用力打散，筷子的运动是个圆锥形，这样打可以让空气进入，让蛋清和蛋黄充分融合，蛋打匀后在蛋液里加入两勺水，韭菜切碎后加入蛋液里搅拌一下，备用。

2. 热锅　热锅冷油，油温七成热时倒入蛋液（判断标准是拿筷子蘸点儿鸡蛋液放入油锅里，看到鸡蛋液能沸腾起来，油温即达到七成热），划散蛋液翻炒或者让蛋液先稍微定性后再翻炒。

3. 翻炒　放入蛋液后，翻炒的火候掌握最为重要。如果你想要炒出外形完整的蛋皮，那么让鸡蛋沿锅四周溢开来后要马上改小火；如果对蛋的外形没有过多要求，那就用大火不断翻炒，30s就可以出锅。

第八章 奶与奶制品的安全选购与健康利用

第一节 奶与奶制品的安全选购

一、奶与奶制品的种类

我国动物营养学专家卢德勋提供的资料显示，常见的奶类有牛奶、羊奶、马奶等鲜奶，其中以牛奶的食用量最大。牛奶是接近完善的食物，进一步加工可制成各种奶制品，如奶粉、酸奶、炼乳、奶酪、奶油、冰淇淋等。能给我们提供很多营养素，所以越来越多的人每天都食用牛奶和奶制品。

液态奶指挤出的奶汁，经过滤和消毒，再经均质，即成为可供食用的鲜奶。鲜奶经巴氏消毒后除维生素B_1和维生素C略有损失外，其余的营养成分与刚挤出来的奶汁差别不大。

奶粉是液态奶经消毒、浓缩、干燥处理而成，其中对热不稳定的营养素如维生素A略有损失，蛋白质消化能力略有改善。奶粉可分为全脂奶粉、低脂奶粉、脱脂奶粉以及各种调味奶粉与配方奶粉等。奶粉储存期较长，食用方便。

酸奶是指在消毒的鲜奶中接纳乳酸菌后，经发酵培养而成的奶制品，易于人体消化吸收，除乳糖分解形成乳酸外，其他营养成分基本没有变化。酸奶更适宜于乳糖不耐接受者、消化不良的病人、老年人和儿童等食用。

奶酪又称干酪，是在原料乳中加入适量的乳酸菌发酵剂或凝乳酶，使蛋白质发生凝固，并加盐、压榨排除乳清之后的产品，制作1kg的奶酪大约需要10kg牛乳。奶酪含有丰富的营养成分，奶酪的蛋白质、脂肪、钙和维生素A、维生素B_2是鲜奶的 7 ～ 8 倍。在奶酪生产中，大多数乳糖随乳清排出，余下的也都通过发酵作用生成了乳酸，因此奶酪是乳糖不耐症和糖尿病患者可选食的奶制品之一。

奶油也称黄油，其中脂肪球膜在 8 ～ 14℃被机械力搅拌破坏，形成脂肪团粒，失去乳状液结构，水溶性成分随着酪乳放出，脂肪含量达80% ～ 85%，主要以饱和脂肪酸为主，在室温下呈固态。其营养组成完全不同于其他奶制品，故不属于营养专家推荐的奶制品。

含乳饮料含有部分牛乳，购买时注意阅读食品标签。一般来说，牛奶和酸奶的营养价值优于乳饮料，含乳饮料优于乳酸饮料和汽水。

冰淇淋是以饮用水、乳品（主要是乳粉、奶油及其他乳制品）、白砂糖、蛋品、食用油脂等为主要原料，添加适量的稳定乳化剂（也可不加）、天然的或合成的香精及着色剂，经混合、灭菌、均质、老化、凝冻、硬化及包装等工艺制成的体积膨胀或不膨胀的冷冻饮品。冰淇淋也是一种营养食品，易于消化，因此不仅是夏季人们的嗜好冷食，尤其是北方人的冬季美食。

二、奶与奶制品的选购误区

近年来，随着媒体对乳制品安全问题的报道和揭露，一些消费者谈乳色变，认为什么乳制品都不安全，导致什么都不敢吃。实际上，我国乳制品安全情况日益在改善。尤其是《食品安全法》的颁布，国内乳制品的安全达到了历史的最佳水平，甚至一些指标要求比国外发达国家都严格。

（一）把含乳饮料错当牛奶

有些学生喜欢喝甜饮料，有些则不习惯于牛奶的特殊味道。他们初步懂得牛奶有营养，但却不知道真正的牛奶是什么。市场上五花八门的饮料，什么"××奶""××乳品""×奶饮料"等，更使他们产生误解，以为只要商品的名字里有个"乳"字就是一种牛奶，至少能起一部分牛奶的作用。

我国的农业、卫生、质量监督部门早已明确规定：真正的牛奶应该是纯鲜奶，其中蛋白质含量应超过2.9%，脂肪含量应高于3.1%；全乳固体应高于11.0%。那些含乳饮料并不是纯奶，而是在牛奶中加入水、白糖、香精和其他配料制成的。由于加有增稠剂，外观酷似牛奶，实际上其蛋白质等营养成分含量（有的甚至不到1%）远远达不到牛奶的水平。

对此，广大学生和家长应该有清醒的认识：

（1）含乳饮料是允许在市场上销售的，但它本质上和其他软饮料一样，只能起到饮料的作用。

（2）要想充分利用牛奶的营养作用，只能依靠纯鲜奶，以及对上述奶类、奶制品的正确、合理使用。

（3）购买含乳饮料时，一定要看清其包装上标明的营养成分，不要被其漂亮包装所迷惑。

（4）经常、大量饮用那些名不符实的"含乳饮料"和其他软饮料（含大量精制糖），是导致儿童和青少年肥胖的重要原因。

（二）盲目偏信高加工奶

市场上还有名目众多、令人目不暇接的"钙奶""高维生素奶""高钙奶""AD钙奶"等。大多数生产企业这样做的目的有两个：第一，用强化某些营养素的方式，以适应某些消费者的特殊需要；第二，增加产品的吸引力，打造企业品牌，增加销售，以便在激烈的市场竞争中取胜。这些名目和花色，尤其对好奇心强、喜欢新奇和时髦的青少年有较大的吸引力。

我们建议青少年及其家长，对各种"高加工奶"也要有清醒的认识：

（1）如果该商品真的符合自己的特殊需要（如希望快速补

钙），产品的质量、价格也适当，可试用。有条件时可和纯鲜奶进行比较。

（2）在提高营养知识的基础上，选购时认真参照产品介绍上的食物成分表，尤其注意其添加成分的量和方式，不要被某些花言巧语和模棱两可的解说所迷惑。

（3）如果实在弄不清，可以带着问题去请教有关专家。例如，有些标明是"钙奶"的产品，实际含钙量还不到40mg，一看就是骗人的，或仅仅是"含乳饮料"，因为普通的纯牛奶，含钙量都在1mg/g以上。相反，有些商品将钙的强化量写得很高，实际上按现有工艺根本无法做到；或者将无机钙说成是有机钙。即使勉强做到，这样的钙也会因为牛奶钙应具备的微环境不足，而使吸收率大幅度下降。

（4）最安全、实用的方法是以买粮食的平常心，购买并饮用纯牛奶，因为它来自最接近天然状态的新鲜奶，和其他食物实现平衡摄入，以充分吸收牛奶的营养价值。而不少"高加工奶"经多次加工，反可能丢失一些重要成分；加入的其他成分（如微量元素或矿物质）却并非身体所需，有时还会因过量摄取而危害健康。

三、如何安全选购奶与奶制品

伴随生活水平的提高，加上各级政府的政策支持，广大营养专家、学校卫生专家的健康宣教、倡导，许多中小学生已养成喝牛奶的习惯，更多的儿童和青少年正准备进入该行列。然而，和许多日常生活行为一样，喝牛奶也需要科学知识的引导，需要通过实践来培养技能。其中，看似简单实际上起关键作用的是，能排除各种单纯出于商业目的的不实宣传、误导，从市场上数量众多、品种琳琅满目、令人目不暇接的牛奶、奶制品中，挑选出符合自身需要、膳食结构和特点，经济条件允许的产品，达到增强营养、促进生长发育的目的。

各种奶制品最简单的识别方法就是从奶制品标识的蛋白质

含量上区分。纯牛奶、酸牛乳等饮品，国家标准规定蛋白质指标必须≥2.9%；调味乳、调味酸牛乳等饮品，国家标准规定蛋白质指标必须≥2.3%；其他乳饮料的蛋白质指标皆达不到此项规定。一般情况下，乳饮料标识蛋白质指标≥1.0%，乳酸菌饮料蛋白质指标≥0.7%，由此可见，消费者无需记忆各种奶制品的执行标准，单从蛋白质指标就可以分清各种奶制品。

（一）奶类

奶类绝大多数是牛奶，而且是纯牛奶。纯牛奶不是奢侈品，不是生活点缀，它就是一种普通的日常食品，含有丰富的优良蛋白质、钙、乳糖和各种维生素。中小学生喝牛奶，主要目标是通过膳食来增加营养，促进生长发育；纯牛奶是能充分满足这些需要的理想食品。所以，选购牛奶时应优先考虑纯牛奶。

纯牛奶是将新鲜牛奶，经过杀菌等工艺制成的乳制品。纯鲜奶不能掺水，也没有任何的化学添加剂。超市中销售的纯牛奶可以直接饮用，无须加热，更不用煮沸。市场上的纯牛奶分为全脂奶和脱脂奶。儿童和青少年应该饮用全脂奶。

1. 纯牛奶的卫生要求

（1）物理性状　乳液应该是乳白色或稍带有微黄色的均匀液体，无沉淀，无凝块，无机械杂质，无黏稠、浓厚现象。

纯牛奶不允许添加任何化学物质，所以只应该有牛奶固有的醇香味，不应有异味。

（2）包装　纯牛奶包装上应明确标明"蛋白质≥2.9g""脂肪≥3.0g""非脂乳固体（也称全乳固体）≥11.0%"等字样。以上为最低值。

（3）各项理化指标　如密度、酸度、汞含量、环境化学污染物（如DDT）、易致癌物（如黄曲霉素）以及杂质的总含量都必须符合卫生标准。各地不同品牌的纯牛奶，成分不完全相同，但上述1～3项指标都不应低于最低值。

其他奶类和奶制品，因为生产加工的需要或市场需求，需要使用添加剂，但是，所有添加剂的使用量都应该符合《食品添加剂使用卫生标准》；各项微生物指标，都必须符合卫生标准要求。

2. 纯牛奶的主要杀菌方法

（1）巴氏杀菌法　即采取低温长时间杀菌方式，将生牛奶加热到 72 ~ 75℃，短暂保温，然后迅速冷却，再分装，产品称为"巴氏消毒奶"。巴氏消毒奶的保质期比较短，通常只有 2 ~ 7d，需在 0 ~ 4℃保存。

（2）超高温瞬间杀菌法（UHT法）　杀菌更加彻底，采用无菌灌装及无菌包装。UHT 杀菌乳是国内外学者公认的最安全的牛乳，迄今在世界范围内还没有出现过中毒事故的报道。不过，无论采用什么杀菌和包装，一旦开盖，都应尽快喝完；否则，可因外来微生物的侵入、繁殖，使牛奶腐败变质。

作为消费者，购买纯牛奶时只要做到以下几点即可：第一，购买牛奶和奶制品，一定要去正规的超市和商场，千万不要贪图便宜，从小贩、地摊和其他不正规渠道购买；第二，选购时应特别注意包装袋(盒)上标注的生产日期、保质期，超过保质期的不要购买；第三，反映纯牛奶最重要的营养指标是每100mL含"蛋白质≥2.9g""脂肪≥3.0g""非脂乳固体（也称全乳固体）≥11.0%"等；第四，开启包装准备饮用前，要注意奶液的理化性状是否发生变化，出现蛋白凝固或乳清析出时不要饮用。

（二）奶制品

1. 乳粉（奶粉）　奶粉是最主要也最常用的奶制品，和纯鲜奶一样，也分全脂奶粉和脱脂奶粉两大类。不同之处在于市售的奶粉有加糖、不加糖两种，而纯鲜奶不加糖。

（1）全脂奶粉　用鲜奶加工而成，加工时，首先将鲜奶除去70% ~ 80%的水分，然后使用高温喷雾方法脱水而成。每

100g全脂奶粉约含蛋白质25g、脂肪35g、糖35g。高温处理后，多数营养成分的消化吸收率都不亚于纯鲜奶；所含的酪氨酸、色氨酸、蛋氨酸等必需氨基酸利用率也不变。也就是说，奶粉基本上继承了牛奶营养价值高、易消化、易吸收等优点，是良好的营养食品。奶粉的另一突出优点是便于携带。在交通不便的地区，一般难以定期买到纯牛奶；旅行、出差、短期更换住所，不便携带液体奶，此时奶粉便有用武之地。

不过，"奶粉比牛奶的营养价值更高"的观点是片面的。和奶粉相比，纯牛奶是新鲜的，具有一定的"鲜活"特征。纯牛奶中含有的乳糖可通过发酵过程，促进有益菌群的生长，改变胃肠道的微生态环境；纯牛奶中的乳糖酶活性很强，可加强胃肠道蠕动，促进消化液分泌。换言之，纯牛奶和奶粉各具特色，可结合起来饮用。

目前使用的奶粉，在制作过程中使用的是"高温喷雾法"，工艺相当先进，脱水速度快，时间短，所以各种营养成分的损失很少；奶粉的溶解性、冲调后的感官性能等也符合要求。但是，一些在现代企业中早已被淘汰的老式工艺（使用热滚筒法将鲜奶脱水），迄今仍在少数地方小企业中使用。这些奶粉表面上看，和品牌奶粉差不多，价格也便宜，但实在不值得推荐购买。原因是，在使用旧工艺的制作过程中，脱水速度很慢，时间长，导致蛋白质、氨基酸和乳糖大量损失，各种维生素几乎百分之百受到破坏，营养价值大大降低。生活在偏远地区的学生和家长，要学会认真观察当地出售的奶粉包装上的商标、品牌和说明，不要购买低质奶粉。

（2）脱脂奶粉　是相对于全脂奶粉的另一类奶粉制品，也有加糖、不加糖2种。其制作工艺和全脂奶粉基本一致，但脱水前要先把鲜奶中的脂肪（奶油）脱去。因为脱脂，所以每100g奶粉中蛋白质、乳糖所占的比例比全脂奶粉更高，脂肪含量则锐减到只占0.15%左右。

脱脂奶粉的主要适用对象有两类：一是中老年人，二是高血脂、动脉硬化性心血管疾病患者。中老年人的新陈代谢机能（包括肝脏清除胆固醇的能力）已显著降低，喝脱脂奶粉有助于减少发生血脂代谢紊乱的危险。后一类患者体内已出现明显的脂代谢紊乱，喝脱脂奶粉（或脱脂奶）可避免摄入过多的脂肪，加重病情。但是，有些销售商利用人们普遍惧怕脂肪摄入太多会导致肥胖的心理，过分渲染脱脂奶粉、脱脂奶的优越性，却是一种误导，尤其对儿童和青少年群体而言，是片面的。

2. **炼乳**　是将鲜奶经过加工而制成的，分甜、淡2种。甜炼乳是将鲜牛奶通过减压等措施，将奶浓缩到原体积的2/5，再加白糖制成；通常用罐包装，饮用前需加热开水稀释。甜炼乳和纯鲜奶、奶粉不同，儿童、青少年不宜多喝，因为它的含糖量很高，可达40%以上；相反，稀释后的甜炼乳主要营养价值一般不到鲜奶的1/3。淡炼乳也叫"蒸发乳"，是将鲜牛奶放在蒸发器中加热、压缩，使其体积压缩为原来的2/5～1/2。饮用时只要加1倍开水，即与鲜牛奶浓度相等。淡炼乳的优点是不仅能促进食欲，而且所含的蛋白质、脂肪等可在胃内经过胃酸和凝乳酶作用，生成乳凝块，所以比鲜牛奶更容易消化、吸收，适合于大病初愈者和消化功能较弱的儿童。在淡炼乳的加工过程中，赖氨酸、维生素B_1等有一定损失。所以，喜欢并经常喝淡炼乳的学生，最好选购事先对赖氨酸、B族维生素进行过强化的淡炼乳来弥补这些损失。

3. **酸奶**　是一种发酵食品，是在鲜奶中放入一些发酵剂（有益的细菌群），再通过一段时间的发酵过程而制成的奶制品。鲜奶、脱脂奶、全脂或脱脂奶粉、加糖奶粉甚至炼乳，都可作为其原料，只是在接种发酵菌等方面的工艺不同而已。

要注意的是，酸奶和牛奶一样，是一种易腐败食品。因此，中小学生不仅要多喝酸奶，充分发挥其积极作用，还应学会一项重要技能：识别变质酸奶。导致酸奶变质，有以下一些主要原因：

（1）用于发酵的菌种不纯　有些杂菌的作用是直接氧化有机酸，使酸度增高，导致酸奶腐败变质；另一些杂菌、霉菌和酵母菌等利用自身耐酸、耐高糖的特性，在酸奶表面生膜，为不耐酸的杂菌提供掩护，让它们在膜下大量繁殖，使酸奶中的各种固化物质加速腐败，同时产生 CO_2 等大量气体，使容具膨胀甚至破裂。

（2）商店储存不当　出售酸奶前，应将其存放在 2 ~ 4℃ 的冰箱或冷库内；如果不能切实采取这些措施或过期储存，就容易变质，蛋白凝固和乳清析出。

（3）家中储存方式不当　存放温度太高，或开盖后没有尽快饮用完。

4. 奶油和奶酪　奶油和奶酪都是乳制品，但性质和作用有很大差别。奶油，又称黄油，由牛奶中分离出的脂肪加工而成，主要用来制作奶油蛋糕、面包、糕点等，或直接用于佐餐（如涂抹面包）。儿童少年适量吃奶油，可促进食欲，增加能量摄入。但是，正因为奶油所含的能量很高，且其成分80%以上是动物性脂肪，摄入过多易导致肥胖。那些已出现超重、肥胖的儿童少年，不需禁止摄入奶油，但应较严格地控制摄入量。

奶酪，又叫"乳酪"或"干酪"。与奶油完全不同，它富集的是优良蛋白质。牛奶中含丰富的优良蛋白质（约占总量的3.5%），主要来自酪蛋白（占86%）。酪蛋白在一定的酸度下，可与钙、磷等结合成酪蛋白胶粒。运用该原理，可使用特殊的酵解工艺，使酪蛋白在凝乳酶作用下凝结成奶酪，奶酪可用于佐餐，或拌食蔬菜水果，或作为冷饮伴侣，或直接食用。我国传统膳食很少有奶酪，近年来使用量才逐步增加，但大多用来点缀生活，或给膳食翻花样，而真正懂得奶酪营养作用的人并不多。相反，在欧美国家，青少年儿童一日三餐都离不开奶酪；奶酪是其饮食文化的重要内容之一。奶酪摄入量多，和青少年长得高大、健壮，精力充沛，参加体育锻炼的动机强烈不无关系。

第二节　奶与奶制品的安全存储

一、奶与奶制品常见的存储误区

奶及奶制品在储藏、运输、分销、零售的全过程中，任何一个环节对其质量和口感都会产生影响。尤其是储存条件，对最终产品的质量和消费体验有着举足轻重的作用，但是往往生产企业很重视该环节，到了物流和销售终端上不能得到有效的控制，最终影响产品质量，同时也使企业在前段产品储藏上的投入和有效实施的措施付之东流。所以，奶与奶制品的存储条件是不容忽视的，必须得到生产企业、物流及经销商以及消费者的重视。在实际的生产和生活中奶及奶制品的存储误区主要有以下几种。

（一）不注意原料奶的收储卫生及安全

奶及奶制品的原料在收奶过程中的卫生防护是确保奶品质量的关键。在原料奶收储过程中储存与运输工具的彻底消毒，牛奶的冷却速度和冷却温度（迅速冷却到 2～4℃）等因素都会影响牛奶中微生物的生长速度，处理不好则会造成微生物的污染，使原奶腐败变质。

一些奶农受到利益驱使故意向牛奶中加入一些本不应加入的物质，甚至是有害物质（如水、豆浆、芒硝、淀粉、尿素、洗衣粉、食盐、蔗糖、水解蛋白、植脂末、胶体物质、三聚氰胺，还有甲醛、水杨酸、亚硝酸各类防腐剂等），会降低原奶的质量，甚至酿成严重的食品安全事件。在原料奶收储时应该严格检查，杜绝此类事件发生。

（二）不注意原料奶仓库的管理

奶及奶制品存放仓库必须通风，否则局部温度过热会导致产品微生物繁殖，影响乳制品的质量。所以许多奶制品生产厂家利用射频识别技术（RFID）对环境温度、细菌含量、湿度等环境指标进行监测并控制，以确保乳制品质量。

奶及奶制品在储存流通过程中，温度、光、氧成为乳脂肪的最大威胁。乳脂肪在通常的储存条件下，由于受到光、热和某些金属等的影响，极易发生氧化，特别是自动氧化。脂氧化后对食品品质造成很大的影响，分解产生的醛、酮、酸等小分子有强烈气味（哈败味）影响口味，不适宜食用，因此对奶及奶制品的存放环境条件进行管理有利于控制产品质量。

在日常生活中一旦出现奶及奶制品出现乳清分离、蛋白凝聚、发霉以及包装奶制品涨袋等现象（彩图37至彩图40），都不能继续饮用，否则会对人体健康造成危害。

二、奶与奶制品的安全存储

由于奶及奶制品是一种营养丰富的食品，是各种微生物极好的天然培养基，如果奶及奶制品在生产和加工过程中受到微生物的污染，这些微生物在适宜的条件下，就会迅速繁殖，最终影响奶及奶制品的质量。当然，如果生产和加工过程中奶及奶制品没有被污染，在后续的储藏和销售过程中不符合存储要求，不仅会缩短奶及奶制品的保质期，同时也会影响产品的质量和口感，从而影响产品的消费体验。所以为了保证产品质量和消费体验，必须对产品的存储条件进行规范。

鲜牛奶应该放置在阴凉的地方，最好是放在冰箱里。不要让牛奶曝晒阳光或照射灯光。日光和灯光均会破坏牛奶中的多种维生素，同时也会使其丧失芳香。牛奶放在冰箱里，瓶盖要盖好，以免相互串味。牛奶倒进杯子、茶壶等容器，如果没有喝完，应盖好盖子放回冰箱，切不可倒回原来的瓶子。过冷对牛奶亦有不良影响。当牛奶冷冻成冰时，其品质会受损害。因此，牛奶不宜冷冻，放入冰箱冷藏即可。夏季保存软包装牛奶，牛奶取回后，如果马上饮用，稍加煮沸即可。如不立即饮用，可放入冰箱。存放前应将袋子外表清洗擦干，防止表面灰

第八章　奶与奶制品的安全选购与健康利用

尘污染其他食物，并且不要开口，以防吸附异味。牛奶保存的最佳温度范围为2～8℃，一般可存放2～3d。

巴氏杀菌是目前世界上最先进的牛奶消毒方法之一，是把牛奶中的脂肪球粉碎，使脂肪充分溶入蛋白质中，从而防止脂肪黏附和凝结，也更利于人体吸收。营养价值与鲜牛奶差异不大，B族维生素的损失仅为10%左右，但一些生理活性物质可能会失活。对于巴氏杀菌的牛奶，由于杀菌强度比较低，牛奶中的微生物不能被完全杀死。所以对于巴氏杀菌的牛奶，必须在低温下保藏，一般控制在0～5℃，2～7d饮用完毕。

灭菌乳及乳制品可在常温下储存，仓库必须卫生、干燥，不得与有毒、有害、有异味，或者对产品产生不良影响的同库储存。运输产品时应用冷藏车，车辆应清洁卫生，专车专用，夏季运输产品时应在6h内分送用户。在运输中避免剧烈震动和高温，并要防尘和防蝇，避免日晒和雨淋，不得与有害、有毒或有异味的物品混装运输。

第三节　奶与奶制品的健康食用

一、低温奶制品

低温奶制品严格讲指在0～4℃储藏、运输和销售的奶制品，比如发酵酸乳、巴氏杀菌乳等。

（一）低温发酵酸乳

低温发酵酸乳，即在添加（或不添加）乳粉（或脱脂乳粉）的乳中（杀菌乳或浓缩乳）利用保加利亚乳杆菌和嗜热链球菌的作用进行乳酸发酵制成的凝乳状产品，成品中必须含有大量的活性微生物。

1. 凝固型酸乳　其发酵过程中在包装容器中进行，从而使成品因发酵而保留其凝乳状态。

2. 搅拌型酸乳　是成品先发酵后灌装而得，发酵后的凝乳已在灌装前和灌装过程中搅拌而成黏稠状组织状态。

酸乳的营养价值与其原料质量直接相关，也与其特有的加工方法（控制发酵）和所含的活菌紧密相关。酸乳具有其原料乳所提供的的所有营养价值，而发酵使酸乳具有其独特的营养价值。

3. 与原料乳有关的营养价值

（1）蛋白质　由于在发酵过程中，乳酸菌产生蛋白质水解酶，使原料乳中的部分蛋白质水解，从而酸乳中很有更多的肽和丰富的、比例更合理的人体必需的氨基酸，具有更好的生化利用性。

而且在发酵过程中，原料乳的酸化使其酪蛋白凝结和变性，结果使酸乳的蛋白质比牛乳中的蛋白质更加稳定，在肠道中能够缓慢释放，有利于蛋白质的更好吸收。

（2）钙　牛乳经过发酵后，钙被转化为水溶形式，更易被人体吸收。一般情况，酸乳中含钙量为 1.40 ～ 1.65mg/g。

（3）维生素　酸乳中主要含有 B 族维生素（维生素 B_1、维生素 B_2、维生素 B_6）和少量脂溶性维生素，而酸乳中的维生素主要取决于原料乳，其所用乳酸菌种类也会影响维生素含量，B 族维生素是乳酸菌生长与增值的产物。

4. 酸乳所特有的营养价值

（1）缓解乳糖不耐症　人体内的乳糖酶活力在刚出生时最强，断乳后开始下降。成年时，仅相当于刚出生时的 1/10，甚至一些成年人体内的乳糖酶太小都无法消化乳糖，这就造成喝牛乳时腹痛、痉挛、肠鸣等症状，有时还会腹泻。

牛乳经过发酵以后，一部分乳糖水解成半乳糖和葡萄糖，后再被转化成乳酸。因此酸乳中的乳糖含量比牛乳相对少。另外，一些研究表明，酸乳中的活菌直接或间接的具有乳糖酶活性，因此饮用酸乳可以减轻喝牛乳时的乳糖不耐症。

（2）调节人体肠道内的微生物菌群平衡　研究表明，当酸乳中的活菌数达到一定数量时，是可以活着到达大肠的，虽然不可以在肠道中长期存活，但在摄入酸乳后的几个小时内，所产生的抗菌作用也是不容置疑的。而且，酸乳中的菌株能产生很多抗菌物质，从而抑制多种致病菌在人体内的增殖，同时也营造了一种不利于一些致病菌增殖的环境，从而可以协调人体肠道中微生物菌群的平衡。

（3）降低胆固醇水平　研究表明，长期进食酸乳可以降低人体内的胆固醇水平，而且肯定的是进食乳酸不会增加血液中的胆固醇含量。

（二）巴氏杀菌乳

巴氏杀菌的目的是确保液态乳的安全性，延长货架期。巴氏杀菌法是一种比较缓和的热处理方法。这种方法可以杀灭绝大多数原料乳中的已知病原体和大多数腐败菌，同时在风味及营养品质上只引起较小的变化。

美国食品药品管理局（FDA）给巴氏杀菌的定义：在设备设计正确运行良好的情况下，用表8-1给出的不同温度加热乳和乳制品每个颗粒的过程，以及使其在此温度下或高于此温度连续保持相应的指定时间。

国际乳品联合会对巴氏杀菌的定义是：通过对乳制品实施产生较小的化学、物理和感官变化的热处理方法，从而尽可能地减少与乳相关的致病微生物引起的健康危害。

巴氏杀菌仅使乳中少量的营养物质损失：表8-2描述了维生素的损失情况。乳中许多天然的酶被破坏，脂肪酶和某些蛋白酶的变性限制了巴氏杀菌乳中异味的形成，并可延长保质期。相反，许多细菌源的脂肪酶和蛋白酶具有很强的耐热性，不能被巴氏杀菌灭活。

表8-1　美国FDA A级巴氏杀菌牛乳条例说明的
巴氏杀菌法的温度-时间关系

温度	时间
63a	30min

温度	时间
72a	15s
89	1.0s
90	0.5s
94	0.1s
96	0.05s
100	0.01s

如果乳制品中的脂肪含量是10%甚至更多，或是包含添加的甜味剂，这个特定的温度应该相应增加3℃。

表8-2　随着乳的巴氏杀菌，维生素的损失比例

维生素	A	B_1	B_2	B_6	B_9	C	D
损失(%)	ns	10	1~5	3~5	1~10	5~20	ns

ns，指无显著性。

二、常温奶制品

乳制品在常温条件下能够保存，主要是通过杀菌方法，如加热杀菌处理，可以将乳中的微生物全部杀灭，在后期的储藏和销售中，在保质期内不会发生产品变质。强热处理造成维生素等重要营养物质破坏。热处理强度、加工方式和储藏条件决定着灭菌乳营养成分的损失。除此之外，维生素等营养成分的损失还受光照、产品中氧气的浓度、维生素和其他成分相互作用、维生素之间相互作用的影响。通常，虽然不同加工过程中的数据已有报道，但在UHT加工产品中维生素的损失相当小，远小于罐式灭菌。脂溶性维生素（A、D、E）和一些水溶性维生素（B_{12}，烟酸和生物素等）热稳定性好，罐内加工和超高温过程一般对它们的影响不大。

第八章　奶与奶制品的安全选购与健康利用

第九章 蜂产品的安全选购与健康利用

第一节 蜂产品的安全选购

一、蜂产品的主要成分及理化性质

蜂产品是蜜蜂的产物，按其来源和形成的不同可分为三大类：蜜蜂的采制物（如蜂蜜、蜂花粉、蜂胶等）、蜜蜂的分泌物（如蜂王浆、蜂毒、蜂蜡等）、蜜蜂自身生长发育各虫态的躯体（如蜜蜂幼虫、蜜蜂蛹等）。通常所说的蜂产品主要包括蜂蜜、蜂花粉、蜂王浆、蜂胶、蜂毒、蜂蜡等（彩图41）。

（一）蜂蜜

1. 蜂蜜产品的主要成分 蜂蜜是一种复杂的天然物质，一般蜂蜜的吸湿性、黏滞性、光学特性及常规的化学成分基本相同。例如，蜂蜜具有极强的吸湿性，它能够吸收空气中的水分，直到蜂蜜的含水量在17.4%时达到平衡，主要原因为此时蜂蜜的含水量与空气的相对湿度取得平衡，蜂蜜已经不能从空气中获得更多的水分，这一特性是我们运输、储藏、加工及包装蜂蜜产品的一个重要指标。蜜蜂采集不同植物的花蜜，能够生产出不同性质、不同成分的蜂蜜，其中色、香、味的差异最大，蜂蜜的色泽及香气随着蜜源植物种类的不同存在很大差异，不同品种的蜂蜜往往拥有其独特的风味及口味，在感官评价方面也具有很大的不同。

蜂蜜的化学成分十分复杂，糖类、氨基酸、维生素、矿物质、酸、酶类均是蜂蜜的重要组成成分。蜂蜜中已知的化学成分约有20余种，糖类成分占3/4，水分占1/4，是一种高度复杂的糖类饱和溶液。其主要成分归纳如下：

（1）水分　在蜂巢里，成熟的天然蜂蜜被工蜂用蜂蜡封存在巢房里，这种成熟蜜的水分通常为17%，在南北方不同的气候条件下，成熟蜜的含水量也会存在不同，但是最高不会超过21%。成熟蜂蜜由于较低的含水量，因此具有一定的抗菌性能，不易发酵。在常温下，当含水量超过25%时蜂蜜容易发酵。蜂蜜自然水分含量的多少受多种因素制约，例如，采集的蜜粉源植物种类、蜂群群势的强弱、酿蜜时间的长短、外界温度及湿度还有蜂蜜的储存方法等，都会对水分含量造成影响。

含水量是评价蜂蜜质量品质的一项重要指标，它对蜂蜜的吸湿性、黏滞性、结晶性和储藏条件都有着直接的影响。蜂蜜含水量的标示方法有很多，有的用百分比含量标示，我国市场通常采用波美度来描述蜂蜜的含水量。

（2）糖类　糖类物质在蜂蜜中含量最高，为鲜重的70%～80%，主要为果糖、葡萄糖、麦芽糖、棉子糖、曲二糖、松三糖等。其中葡萄糖为33%～38%，果糖38%～42%，蔗糖5%以下，蜂蜜中果糖和葡萄糖的相对比例对其结晶性具有较大的影响，葡萄糖相对含量高的蜂蜜容易结晶，如油菜蜜。蜂蜜中丰富的单糖物质是其易被人体吸收的重要原因。

（3）氨基酸　蜂蜜中的氨基酸含量为0.1%～0.78%，其中主要的氨基酸为赖氨酸、组氨酸、精氨酸、苏氨酸等17种氨基酸。蜂蜜中含有的氨基酸种类甚多，然而因蜂蜜品种、储存条件及生产时间的不同，其含量比及种类也有较大差别。一般蜂蜜中的氨基酸主要来源于蜂蜜中的花蜜。

（4）维生素　蜂蜜中维生素的含量虽少，但种类较多，含有多种人体必需的维生素，例如，维生素B_1、维生素B_2、维生素B_6、维生素C、烟酸及叶酸等。蜂蜜中的维生素含量受其花粉含量的影响，当采用过滤的方法将蜂蜜中的花粉去除时，蜂蜜将失去大部分的维生素。

（5）矿物质　蜂蜜中的矿物质含量约为0.17%，其矿物质含量比与人体血液中的矿物质含量比相似，有利于人体对蜂蜜中矿物质的吸收，因此蜂蜜能够很快缓解人体疲劳，增强健康。蜂蜜中主要含有钾、钠、钙、镁、硅、锰、铜等微量元素，这些元素可以维持血液中的电解质平衡，调节人体新陈代谢，促进生长发育。不同品种蜂蜜的矿物质含量存在较大的差异，这主要与植物的种类及土壤中的矿物质有关。

（6）酸类　酸类物质约占蜂蜜的0.57%，其中有机酸主要有柠檬酸、醋酸、丁酸、苹果酸、琥珀酸、甲酸、乳酸、酒石酸等。无机酸主要为磷酸及盐酸，这些酸是影响蜂蜜pH的重要因素，并具有特殊的香气，在储藏过程中也能够缓减维生素的分解速率。

（7）酶类　蜂蜜中含有多种人体所需的酶类，这些酶往往具有较强的生物活性，同时也是蜂蜜保健功能的主要承担者。例如，淀粉酶、氧化酶、还原酶、转化酶。其中含量最多的为转化酶，这种酶能够将花蜜中的蔗糖转化为葡萄糖，直接参与物质代谢。此外淀粉酶对热不稳定，在常温下储存17个月，淀粉酶的活性将失去一半，这也是衡量蜂蜜品质的一种重要指标。过氧化氢酶有抗自由基的作用，可以防止机体老化及癌变。食用蜂蜜时应该注意不能使用开水，通常使用温水或者凉水，高温能够破坏蜂蜜中大部分活性酶类，减少蜂蜜的营养成分，并影响蜂蜜的滋味和色泽。

新鲜蜂蜜一般为无色至褐色，浓稠，均匀的糖浆状液体，味甜，具有独特的香味，质量较差的蜂蜜常带有苦味、涩味、酸味或臭味。当温度低于10℃或放置时间过长，很多蜂蜜会由糖浆状液体转化为不同程度的结晶体，例如，油菜蜂蜜、荆条蜂蜜、椴树蜂蜜等。

2. 蜂产品的理化性质

（1）相对密度　蜂蜜的相对密度与其含水量及储存温度的高低有较大关系，蜂蜜的含水量越高，则蜂蜜的相对密度就小，含水量低时相对密度较大。温度为20℃时，含水量为17% ～ 23%的蜂蜜，其相对密度为1.382 ～ 1.423，波美度为40 ～ 43度，蜂蜜的相对密度会随着温度的升高而下降。

（2）滋味与气味　由于蜂蜜含有大量的糖类物质，因此蜂蜜的滋味以甜味为主，少量蜂蜜带有酸味或其他刺激性气味，如芝麻蜜及荞麦蜜。蜂蜜的气味较为复杂，一般来说蜜香与花香存在较大的联系。这种香气来自于蜂蜜中含有的脂类、醇类、酚类和酸类等100多种化合物，其主要来源于花蜜中的挥发性物质。

（3）缓冲性　是蜂蜜的重要理化特征之一，这与蜂蜜中的糖类物质和水分含量有关。含水量17.4%的蜂蜜与相对湿度为58%的空气基本保持平衡。如果这种蜂蜜暴露在相对湿度较大的空气中，其含水量将由于吸收空气水分而提高。反之，如果暴露于相对湿度低于58%的空气中，其含水量则因散失水分而降低。

（4）黏滞性　是指蜂蜜的抗流动性，黏滞性的强弱主要取决于含水量的高低，蜂蜜中含水量高时，其黏滞性下降，同时受温度的影响也较大。有些蜂蜜在剧烈搅拌下也会降低黏滞性，静置后又恢复原状，这叫湍流现象或触变性。黏滞性大的蜂蜜难以从容器中倒出来，或难以从巢脾中分离出来，加工时延迟过滤速度和澄清速度，气泡和杂质也较难清除。

（5）旋光性　是鉴别真假蜂蜜的一个重要指标，正常蜂蜜绝大多数是左旋，如果在蜂蜜中加入蔗糖或葡萄糖就会改变蜂蜜的旋光性，即左旋变小甚至转为右旋。

（6）结晶性　结晶是蜂蜜最重要的物理特征，也是蜂蜜生产与加工中面临的最艰巨的问题。蜂蜜是葡萄糖的饱和溶液，在适宜条件下，小的葡萄糖结晶核不断增加、长大，便形成了结晶状，缓缓下沉，在温度为13 ～ 14℃时能加速结晶过程。然而蜂蜜含有几乎与葡萄糖等量的果糖以及糊精等胶状物质，十分黏稠，能推迟结晶的过程。蜂蜜较之其他过饱和溶液稳定。

蜂蜜结晶的趋向决定于结晶核多少，含水量高低，储藏温度及蜜源种类。凡结品核含量多的蜂蜜，结晶速度快，反之，结晶速度慢。含水量低的蜂蜜，因溶液的过饱和程度降低，就不容易结晶或仅出现部分结晶。将蜂蜜储藏于5～14℃条件下，不久即产生结晶现象，低于5℃或高于27℃可以延缓结晶；已经结晶的蜜加热到40℃以上，便开始液化，当加热的温度和时间超过70℃、30min，液化的蜂蜜不再结晶。来自不同蜜源种类的蜂蜜，因为化学成分不同，在结晶性状上存在明显差异。

通常蜂蜜含葡萄糖结晶核多、密集，且在形成结晶的过程中很快地全面展开，就成油脂状；若结晶核数量不多，结晶速度不快，就形成细粒结晶；结晶核数量少，结晶速度慢，则出现粗粒或块状结晶。无论是哪一种形态的结晶体，实际上都属于葡萄糖与果糖、蔗糖及蜂蜜中其他化合物的聚合体。

容器中的蜂蜜由液态向晶态转变时，常发生整体结晶与分层结晶两种现象。一般地说，成熟的蜂蜜由于黏度大，结晶粒形成之后，在溶液中的分布相对比较均匀，因此就出现了整体结晶。含水量偏高的蜂蜜，因黏度小，产生的结晶核很快沉入容器底层，形成了上部液态而下部晶态的两相分层状况。这种部分结晶的蜂蜜，因为葡萄糖晶体中只含有9.1%的水分，于是其他未结晶部分的含水量相应增加，因此，很容易发酵变质。如果蜂蜜在结晶过程中伴随着发酵作用，则由此产生的CO_2气体会将晶体顶向上方。

蜂蜜的自然结晶纯属物理现象，并非化学变化，因此对其营养成分和食用价值毫无影响。结晶蜜不容易变质，便于储藏和运输。但是，盛于小口桶的蜜结晶以后，很难倒桶，会给质量检验、加工和零售增加麻烦。瓶装蜜如果出现结晶，不仅有损于外观，还会使消费者产生"糖蜜"的疑虑。

为防止蜂蜜结晶，可将其用蒸汽加热至77℃保持

5min，然后快速冷却，或者使用9 kHz的高频率声波处理15 ～ 30min，也可以起到抑制蜂蜜结晶的作用。

（二）蜂王浆

蜂王浆是由工蜂王浆腺分泌的一种乳白色或者淡黄色浆状物分泌物，一般也被称为蜂皇浆或蜂乳，蜂王浆主要用于饲喂1 ～ 3日龄的工蜂幼虫、雄蜂幼虫、蜂王整个幼虫期及产卵期蜂王，其通常作为蜂王生长发育的最主要营养食物，故被称为蜂王浆。蜂王浆的颜色会根据蜜源的不同而发生一点的变化，通常主要为乳白色或者淡黄色，为黏稠的浆状物质，有光泽，无气泡，口感酸涩辛辣。工蜂合成蜂王浆的原料物质主要来源于花粉和花蜜，工蜂食用经酿造的蜂蜜和经自然发酵的花粉，从中摄取营养及能量并以摄取到的营养物质合成为蜂王浆。

蜂王浆的成分十分复杂，新鲜蜂王浆中水分为总质量的62.5% ～ 70%，其干物质重量为30.0% ～ 37.5%。蜂王浆的干物质中含量最高的是蛋白质，含量为36.0% ～ 55.0%，其中60.0%为清蛋白，30%为球蛋白，该比例有利于人体对蜂王浆的消化吸收。酶类蛋白质在蜂王浆中含量丰富，这类物质通常具有很高的生物学活性，如胆碱酯酶、超氧化物歧化酶（SOD）、谷胱甘肽酶以及碱性磷酸酶等，这些酶类能够调节人体的新陈代谢，促进健康。蜂王浆中最重要的蛋白质组分就是蜂王浆主蛋白（MRJPs），它们是一个同源的蛋白质家族。蜂王浆主蛋白中包括许多人体必需的氨基酸。在蜂王浆蛋白家族中，主要的可溶性蛋白质有9种，即MRJPs 1 ～ 9，其中MRJPs 1 ～ 5占据蜂王浆总蛋白含量的82%。MRPJs 1是一种弱酸性糖蛋白（pI=4.9 ～ 6.3，55kDa），可以形成分子量在350 ～ 420kDa的低聚物；MRPJs 2、MRPJs 3、MRPJs 4和MRPJs 5则可能是一些分子量分别在49kDa、60 ～ 70kDa、60kDa及80kDa的糖蛋白。MRJP 2 ～ 5的等电点范围在6.3 ～ 8.3以内。王浆蛋白能提供大量的必需氨基酸，具有许多生物学活性，例如，MRPJs 1有促进肝再生和对肝细胞保护的功能，MRPJs 3在体内和体外都表现出特别的抗炎作用，此外还有研究发现，在MRJP家族中每个蛋白都含有大量的异质性。

蜂王浆具有其独特的短链羟基脂肪酸集合。10-羟基-2-癸烯（10-HDA）酸被广泛认可为蜂王浆中具有多种药理学作用的营养成分，也是蜂王浆中特有的不饱和脂肪酸，其含量在2%左右，10-羟基-2-癸烯在常温下呈现为白色结晶状态，性状稳定，难溶于水，易溶于甲醇、乙醇、氯仿、乙醚，微溶于丙酮，由于自然界其他物质中还没有发现该物质，因此，10-羟基-2-癸烯也被称为王浆酸。此外，蜂王浆中还含有20多种游离脂肪酸，组成了蜂王浆独特的脂肪酸集合体系。

蜂王浆中还含有多种糖类物质，随着蜂王浆的不同，糖类物质在蜂王浆中所占的比例也不一样，一般为干重的20%～39%。主要有葡萄糖（占糖总含量的45%）、果糖（占糖含量的52%）、麦芽糖（占糖含量的1%）、龙胆二糖（占糖含量的1%）、蔗糖（占糖含量的1%）。其中，龙胆二糖是龙胆糖的低聚物，它是由葡萄糖以β-1，6糖苷键结合而成的低聚糖。

蜂王浆通常采自蜂群中的王台，且纯粹由工蜂所分泌。然而，蜂王浆的质量品质通常与某种蜜粉源植物的花期有关。通常，将在自然环境中处于某种或某几种蜜粉源植物花期时从蜂群中采集到的蜂王浆命名为与蜜粉源植物同名的蜂王浆。例如，在油菜花期所收集到的蜂王浆被称为油菜浆，在荆条花期采集到的蜂王浆称为荆条浆，同理还有椴树浆、油菜浆、葵花浆、紫云英浆及杂花浆。蜂王浆的化学成分也会随着蜜粉源植物的不同而有一定的影响，例如，10-羟基-2-癸烯为蜂王浆的特征成分，在不同的植物类型的蜂王浆中其含量变化范围为1.4%～2.5%。

一般来说，将蜂王浆命名同相关的蜜粉源植物结合在一起是有科学依据的，因为在某种花期所生产的蜂王浆中通常存在哺育蜂在泌浆时带入少量的花粉，并且，在哺育蜂所食用的该种花粉也会在蜂王浆中有所体现。因此，在鉴别各种不同品种蜂王浆时，除了可以根据以显微镜观察到的存在于蜂王浆中的花粉种类而定性以外，还可以根据各种蜂王浆呈现的不同颜色而做辅助判断。产量高、质量好的油菜蜂王浆一般以白色为主，略带浅黄色；洋槐蜂王浆以乳白色为主；椴树及白荆条蜂王浆也是以乳白色为主；紫云英蜂王浆为淡黄色；荆条、葵花蜂王浆的颜色略深，为黄色；玉米蜂王浆较荆条蜂王浆和葵花蜂王浆的颜色浅一些；荞麦蜂王浆略带有粉红色；山花椒蜂王浆则为黄绿色；紫穗槐蜂王浆则略带浅紫色，这些品种的蜂王浆一般都不单独加工，大都进行混合加工。

根据产浆蜂种的不同，也可以将蜂王浆分为中蜂蜂王浆及西蜂蜂王浆，前者主要采自中华蜜蜂，后者则产自西方蜜蜂。同西蜂蜂王浆相比，中蜂的蜂王浆外观上更为黏稠，呈现出淡黄色，其中特征成分10-羟基-2-癸烯含量也相对略低。中蜂蜂王浆产量远低于西蜂蜂王浆。

（三）蜂花粉

蜂花粉含有多种人体所需的营养成分。一般而言，蜂花粉中含水分30%～40%、蛋白质11%～35%、总糖含量20%～39%（其中，葡萄糖14.4%、果糖19.4%）、脂质1%～20%，还含有多种维生素和生长因子。其主要成分归纳如下：

1. **蛋白质**　蜂花粉中含有多种人体必需的氨基酸，例如，精氨酸、赖氨酸、缬氨酸、蛋氨酸、组氨酸、苏氨酸等，这些氨基酸的含量分布与FDA/WHO所推荐的优质食品中的氨基酸模式十分接近。

2. **脂类**　不同种粉源植物花粉的脂肪含量一般为1.3%～15%，其中含量最丰富的是蒲公英花粉、黑芥花粉以及榛树花粉。蜂花粉中脂类物质主要由脂肪酸、磷脂、甾醇等组成。花粉中的脂肪酸有月桂酸、二十二碳六烯酸、二十碳五烯酸、花生酸、十八烷酸、油酸、亚油酸、十七酸、亚麻酸等，其中不饱和脂肪酸亚油酸和亚麻酸的含量比较丰富。亚麻酸对人体具有独特的保健功能，其在体内代谢转化为前列腺素和白三烯，具有调节激素活性、降低血液中胆固醇浓度以及促进胆固醇从机体中释放等生理活性。花粉中的磷脂有胆碱磷酸甘油酯、氨基乙醇磷酸甘油酯（脑磷脂）、肌醇磷酸甘油酯和磷脂酰基氨氨酸等。这类磷脂物质是人体和生物体细胞半渗透膜的主要组成部分，能调整离子进入细胞，积极参与代谢物质交换，具有促脂肪作用（防治脂肪肝作用）、抑制脂肪在有机体内形成和过多积累以及在细胞内的沉积、调整脂肪交换过程等生理活性。花粉富含植物甾醇类（0.6%～1.6%），其中谷甾醇是机体中胆固醇的对抗物质之一，具有抗动脉粥样硬化的生理功能。

3. 糖类　蜂花粉中的糖类物质主要由葡萄糖及果糖组成，其他的还有双糖，如麦芽糖、蔗糖，以及多糖，如淀粉、纤维素以及果胶类物质。油菜花粉酸水解后，产物均含有L-岩藻糖、L-阿拉伯糖、D-木糖、D-半乳糖、D-葡萄糖以及L-鼠李糖，而酸性多糖除了以上单糖组分外，还含有己糖醛酸，但是不含有硫酸基。玉米花粉多糖PM至少含有4种主要组分。蜂花粉中还含有部分膳食纤维，含量为7%～8%。蜂花粉中的多糖不仅是一种能量物质，同时也具有一定的生物活性，能够增强体液免疫及细胞免疫，能有效的一致肿瘤细胞生长，显著提高细胞内乳酸脱氢酶及酸性磷酸酶的含量，并且对有肺泡巨噬细胞分泌肿瘤坏死因子具有诱导作用。

4. 微生物及矿物质　蜂花粉中含有大量的维生素，每100g干的蜂花粉中就含有0.66～212.5mg的维生素，主要包括维生素C、维生素E、维生素B_1、维生素B_2、烟酸、泛酸、维生素B_6、维生素H、维生素M及肌醇等。目前所知的所有蜂花粉中，均能发现胡萝卜素，胡萝卜素能够在人体及动物体内转化成为维生素A，供给人体消化吸收。

蜂花粉是由蜜蜂采集植物的花粉所制成的，具有多种人体及动物体所必需的矿物质元素，包括钾、钙、磷、镁、铜、铁、硒、硫、锌等60多种，这些元素都在生命有机体内的生理生化反应中起到至关重要的作用。

5. 酚类物质 类黄酮及酚酸是蜂花粉中酚类物质的重要组成成分，它们大部分已氧化形态存在于蜂花粉中，即黄酮醇、白花色素、苯邻二酚和氯原酸，其中黄酮主要是以游离态形式存在，对人体有渗化微血管、消炎、抗动脉粥样硬化等多种作用。

蜜蜂采集的花粉团通常为扁椭圆形，由许多花粉颗粒组成，花粉颗粒的形状有圆的、扁圆的、椭圆的、三角形的、四角形的。花粉粒的大小与颜色会随着粉源植物种类的不同而存在差异，直径一般为30～50mm，颜色多样，从淡白色到黑色均存在。花粉表面有不规则的纹饰和萌发孔。萌发孔是花粉粒内成分进出的通道，它的大小、多少和形状会随着植物的不同而不同。成熟的花粉粒主要由花粉壁及其内容物构成。内容物包括营养核和生殖核。花粉壁由内壁和外壁组成，内壁通常柔软且薄，外壁则坚硬，表面不平。

（四）蜂胶

蜜蜂采集蜂胶的季节、地区不同，蜂胶所含的成分也不相同。从蜂箱里收集的蜂胶，含有大约55%树脂和树香、30%蜂蜡、10%芳香挥发油和5%花粉类杂物。有报道显示，化学家已从蜂胶中分离出20余种黄酮类化合物，其中属于黄酮类的有白杨素、刺槐素、杨芽黄素等；属于黄酮醇类的有良姜素、槲皮素及其衍生物等；属于双氢黄酮类的有松属素、松球素、樱花素、柚皮素等。

黄酮类化合物是一类重要的有机化合物，广泛存在于自然界的植物中，很多黄酮类化合物具有药用价值。药理学试验证明，有些黄酮类化合物具有维持血管正常渗透性、防止毛细血管变脆和出血、扩张冠状动脉、增加冠脉血流量、影响血压、改善微循环、改变体内酶活性、解痉、利尿、抗菌、消炎、抗肝炎病毒、抗肿瘤、抗辐射损伤等重要功能，药用价值很高。蜂胶中所含黄酮类化合物品种、数量之多是任何一种中草药所不及的，其中分离出的某些黄酮化合物在自然界还是首次发现，例如，5，7-二羟基-3，4-二甲氧基黄酮和5-羟基-4，7-二甲氧基双氢黄酮等。

从蜂胶中还分离出下列具有生物学和药理活性的化合物：苯甲酸及其衍生物，桂皮酸及其衍生物，香英兰醛和异香兰醛，乙酰氧基-2-羟基-桦木烯醇等。除此之外，蜂胶中还含有维生素B_1、维生素PP、维生素A原及多种氨基酸、酶以及多种微量元素，如铝、铁、钙、硅、铝、锰、镍、钠、钾、银、镁等。

蜂胶是一种亲脂性物质，其特点是在低温时变硬、变脆，在温度升高时变软、变柔韧，并且很有黏性，因此把它叫做蜂胶。蜂胶在15℃以上有黏性和可塑性，15℃以下变硬变脆，60～70℃熔化为黏稠流体。味清香苦涩，它的色泽依来源和保存年份的不同而异，有铁红、棕黄、黄褐、灰黑等多种。蜂胶呈不透明固体团块或不规则碎渣状，断面密实不一，有光泽。蜂胶所含化学物质的种类有：蜂蜡、树脂类、香脂类、香精油、花粉和其他有机物。这些物质之间的比例依蜂胶的采集来源、采集地及采集时间的不同而存在一定差异。

二、蜂产品常见的选购误区

（一）蜂蜜结晶与真假的关系

结晶是蜂蜜的天然属性，只要是蜂蜜都会结晶。易结晶的蜂蜜如油菜蜜、椴树蜜、向日葵蜜、野坝子蜜等；不易结晶的蜂蜜有洋槐蜜、枣花蜜、紫云英蜜等。蜂蜜主要成分是果糖和葡萄糖，葡萄糖具有易结晶的特性。蜂蜜结晶实际上是蜂蜜中葡萄糖引起的，主要取决于蜂蜜中葡萄糖和果糖(不易结晶)之间的比例。一般来说，当葡萄糖与果糖含量为1∶1时，结晶缓慢；当比例为1∶1.2时，一般不易结晶；当比例为1∶0.9时，即葡萄糖含量高于果糖含量时，温度适宜时结晶就很快出现。因此，蜂蜜是否结晶与真假无关。见彩图42。

(二)花粉破壁与营养价值的关系

蜜蜂采集的花粉团由无数微小的花粉细胞微粒组成，这些细胞微粒的表层为双层抗酸碱，抗消化酶的细胞壁，细胞壁对花粉具有非常强的保护作用。学术界曾认为蜂花粉只有破壁其营养才能被吸收利用。但多项最新研究表明，花粉壁上存在萌发孔、萌发沟，在胃肠的酸性环境中和酶的作用下，营养成分能通过萌发孔、萌发沟渗透出来。花粉破壁后，反而更容易受到污染，不利于保存。但花粉作化妆品原料必须破壁，因为皮肤没有消化能力；用作进一步加工的原料时，也必须破壁，方可保证花粉的营养成分均被提取出来（彩图43）。

(三)蜂王浆的"激素论"

研究证明，内源性激素是动物性食品的天然成分，人们日常生活中食用的动物食品都含有正常的激素，蜂王浆中激素含量远远低于一般动物食品，它与乳腺癌的发病以及儿童性早熟没有必然联系。农业部蜂产品质量检测中心对蜂王浆激素进行了检测，证实了"蜂王浆激素含量高"的说法没有任何科学依据，蜂王浆的激素含量明显低于一般动物性食品激素，由于蜂王浆激素含量低于国家规定的检测限标准，甚至无法检出，只能称其为"痕量"，不会对人体造成危害。

(四)蜂胶的"异国情结"

进口蜂胶尤其是巴西蜂胶，有挥发油含量略高、香气较浓、颜色较浅等特点，但不等于说进口蜂胶就比中国蜂胶好。巴西蜂胶应用较早，人们对巴西蜂胶产生了品牌依赖效应，再加上人们对进口产品的盲目信任，市场上出现了众多的进口蜂胶产品，大都以从美国、加拿大、澳大利亚、新西兰等国家进口的名义销售，有的产品甚至没有进口保健食品批文。近年来，随着蜂胶提取技术的普及，我国对蜂胶的研究利用和开发已经处于国际先进水平。因此，对国内消费者来说，物美价廉的产品才是首选。

三、如何安全选购蜂产品

（一）蜂蜜

由于蜜源不同，蜂蜜的颜色也不尽相同。一般来说，深色蜂蜜所含的矿物质比浅色蜂蜜丰富。质量好的蜂蜜，质地细腻，颜色光亮；质量差的蜂蜜通常混浊，且光泽度差。蜂蜜较浓稠，用一根筷子插入其中提出后可见到蜜丝拉得长，断丝时回缩呈珠状；如蜂蜜含水量高，断丝时无缩珠状或无拉丝出现。通常蜜的颜色越浅，其味道也越清香。口味淡的人可选购槐花蜜、芝麻蜜、棉花蜜；口味浓者可选购枣花蜜、椴树蜜、紫穗槐蜜等。

（二）蜂王浆

蜂王浆一般为乳白色或淡黄色，上下颜色一致，有光泽；有独特的芳香气味，不允许有腐败发酵气味、牛奶等气味；口尝蜂王浆有酸、涩、辛、辣味，且回味略甜；用手捻，应有细腻感，因品种不同，有的有细小的晶体。

（三）蜂花粉

蜂花粉一般呈不规则的扁圆形团粒状，并带有采集工蜂后足嵌入花粉的痕迹。质量好的蜂花粉应是团粒整齐，大小基本一致，直径为2.5～3.5mm，新鲜蜂花粉的味道辛香，多带苦味，余味涩，略带甜味，有明显的单一花种清香气，用手揉搓蜂花粉团，若发出"刷刷"的响声，并有坚硬的感觉，说明蜂花粉已干燥好，含水量在6%以下，符合质量标准要求。手捻时有粗糙或硬砂粒感觉，则说明蜂花粉中泥沙等杂质含量较大。干燥好的蜂花粉团，用手指捻捏不软，有坚硬感。

（四）蜂胶

开水稀释蜂胶时，可闻到蜂胶特有的清香气味，稀释液颜色金黄透亮（蜂胶中功效成分总黄酮的颜色），口感微显麻辣涩苦，入口清爽新奇。

四、生产许可或保健品批文

消费者在选购蜂产品时，应选购加印（贴）有SC或QS标志或有批准文号的蜂产品。进入市场的蜂蜜产品的包装标签上必须有SC或QS生产许可的标识，蜂胶产品应选择有保健食品批准文号（即小蓝帽标识）或药品批准文号的产品，表明此产品已由企业通过了申报批准，经过了卫生部门做过的毒理试验、功能性试验，证明是安全有效的。企业按照批准的相关条件合法生产出来的产品有一定的保证。

第二节　蜂产品的安全存储

一、蜂产品常见的存储误区

（一）蜂蜜

蜜是弱酸性液体，在储存过程中接触到铅、锌、铁等金属后，会发生化学反应，应采用非金属容器，如陶瓷、玻璃瓶、无毒塑料桶等容器来储存；蜂蜜有从空气中吸收水分的能力，蜂蜜吸收过多的水分会使浓度下降，易引起发酵变质。

（二）蜂花粉

花粉含有的多种生物活性成分在常温条件下很容易被氧化，使有效成分丧失或变性；蜂花粉暴露在阳光下，直接受紫外线的照射，蜂花粉中的维生素、酶类物质会受到很大程度的破坏，同时还会造成花粉褪色。

（三）蜂王浆

鲜蜂王浆是一种高活性的天然产物，阳光、温度、空气、金属、细菌、酸、碱等因素容易影响其活性成分，如空气对蜂王浆有氧化作用，光对蜂王浆有还原作用。常温或光照情况下放置蜂王浆，极易变质。

（四）蜂胶

胶组分中5% ~ 7%为挥发油，易挥发；蜂胶中的萜烯类物质对光较为敏感，遇光易变色；蜂胶软胶囊，会吸附空气中的水分，变软、变黏；聚乙烯塑料瓶中，含二乙二醇增塑剂，这种物质容易溶入蜂胶之中，影响蜂胶品质。

二、蜂产品的安全存储

（一）蜂蜜的存储

蜂蜜包装材料使用符合 GB 15204、GB 16331、GB 16332 的无毒塑料桶、符合GH/T 1015专用蜂蜜包装钢、桶，或用陶瓷缸、坛，但应保持密封。不应使用镀锌桶、油桶、化工桶和涂料脱落的铁桶。包装容器使用前清洗、消毒、晾干。包装场地清洁卫生，并远离污染源。盛蜜容器上应贴挂标签，标志内容包括蜂场名称、场主姓名、蜂蜜品种、毛重、皮重、净重、产地和生产日期。选择在阴凉、干燥、通风处和清洁卫生、无毒、无异味的地方储存。不得与有异味、有毒、有害、有腐蚀性和可能产生污染的物品同处储存。

（二）花粉的存储

蜂花粉包装材料应干燥、清洁、无异味，不影响蜂花粉品质，符合食品卫生标准，要牢固、防潮、整洁，便于装卸、仓储和运输。包装储运图示标志应符合GB/T 191规定。产品应存储于清洁、干燥、阴凉、无异味的专用仓库（温度在−5℃以下）中，冷库周围应无异味。或者用真空充氮储存。短期临时存放，应经过干燥和密封处理后存于阴凉干燥处。不同产地、花种、等级或不同季节采集的产品应分别储存。储存场所应清洁卫生，不得与有毒、有害、有异味的物品同时储存。

（三）蜂王浆的存储

被包装的蜂王浆不得含有蜡屑、浆垢和蜂王幼虫体液、组织，盛装蜂王浆必须用无毒塑料容器，且尽可能装满容器。装瓶前必须用清洁水刷洗干净，用75%的酒精消毒，晾干后方能使用。同时用小标签注明花种、产地、收购单位、检验员姓名、收购日期和空瓶重量，贴在瓶下部。一般情况下，−7～−5℃可较长期储存蜂王浆，−2℃可存放1年，而在5℃条件下储存1年的蜂王浆不能培育出蜂王。蜂王浆长期储存，温度以−18℃为宜。生产收购和销售过程中短期存放，温度不得高于4℃。蜂场生产出来的蜂王浆，应在24h内交售，否则应挖地洞或放井下暂时储存。

（四）蜂胶的存储

蜂胶的包装材料符合GB 15204、GB 16331、GB 16332的要求。采收后的蜂胶及时密封。包装要牢固、防潮、整洁，便于装卸、仓储和运输。产品按同产地、同规格分别包装。包装场地清洁卫生，远离污染源。在蜂胶包装上贴挂标签，标志内容包括蜂场名称、场主姓名、毛重、皮重、净重、产地和生产日期。蜂胶应储存在阴凉干燥、清洁卫生的场所，避免日晒雨淋及有毒有害物质的污染。不得与有毒、有害、有异味、有腐蚀性和可能产生污染的物品同处储存。

第三节　蜂产品的健康食用

一、蜂蜜的食用

新鲜成熟的蜂蜜可直接食用也可将其配成水溶液食用。不可用60℃以上的开水冲或高温蒸煮蜂蜜，高温会破坏蜂蜜中的活性物质，也会导致颜色变深、香味变淡、滋味变化，产生酸味。一般在饭前1～1.5h或饭后2～3h食用蜂蜜。胃肠道疾病患者，则应根据病情确定食用时间。蜂蜜对胃酸分泌有双重影响，当胃酸分泌过多或过少时，蜂蜜可起到调节作用，使胃酸分泌活动正常化。神经衰弱者睡前食用蜂蜜，可以促进睡眠。成年人每日食用蜂蜜100g较为适宜，儿童每日食用30g较好。

二、蜂花粉的食用

经干燥灭菌的蜂花粉可直接使用温开水送服，或与蜂蜜混合后使用温开水送服。花粉拌蜜食用时，可用500mL蜂蜜拌150g花粉，花粉研碎成末后拌蜜，效果更好。作为营养食品食用时，每日5～10g；强体力劳动者、运动员等以增强体质为目的，或前列腺炎患者等以治疗为目的者，每日食用量20g左右，也可提高至30～50g，花粉应连续、长期食用。

三、蜂王浆的食用

冷冻保存的蜂王浆应自然解冻后食用，或食用冷藏保存的蜂王浆，不可用60℃以上的开水冲或高温蒸煮蜂王浆，高温会破坏营养成分。蜂王浆可与蜂蜜混合食用，蜂蜜2份，鲜蜂王浆1份混合后用温开水冲服。一般在饭前1～1.5h，睡前

0.5 ~ 1h食用蜂王浆，口中含服时，应慢慢咽下，使人体充分吸收。35岁以下的人群保健，日食用量10g为宜；中老年人保健，日食用量15 ~ 20g为宜，初服者5g左右为宜，无不适后即可增加用量。医治一般疾病者，日服15 ~ 20g，重症和顽症日服25 ~ 30g，应长期坚持。

四、蜂胶的食用

蜂胶应食用纯蜂胶或蜂胶制品（蜂胶片、蜂胶胶囊），正常体质的人日服纯蜂胶2g以上，最高5g，均无任何毒副作用。一般来说，每人每天食用提纯蜂胶的量以1 ~ 2g为宜。如果换算成黄酮含量的话，以每克提纯蜂胶中黄酮的平均含量为15%计算，则每人每天应摄入黄酮类化合物150 ~ 300mg。如果用于治病，则应在此基础上适当再加大一些用量。蜂胶制品可根据厂家推荐的剂量或按上述有效成分的含量食用。食用蜂胶的时间，一般以空腹时效果为好，但对胃有一定的刺激作用。如果用于治疗糖尿病，以饭前半小时食用为宜。

参考文献

陈志. 2006. 乳品加工技术 [M]. 北京：化学工业出版社.

丁耐克. 1996. 食品风味化学 [M]. 北京：中国轻工业出版社.

韩剑众. 2005. 肉品质及其控制 [M]. 北京：中国农业科技出版社.

何计国, 甄润英. 2003. 食品卫生学 [M]. 北京：中国农业大学出版社.

蒋爱民. 2000. 畜产食品工艺学 [M]. 北京：中国农业出版社.

刘邻渭. 2011. 食品化学 [M]. 郑州：郑州大学出版社.

马长伟, 曾名勇. 2002. 食品工艺学导论 [M]. 北京：中国农业大学出版社.

任龙梅. 2011. 储存环境对UHT奶脂氧化程度的影响及货架期模型预测 [D]. 呼和浩特：内蒙古农业大学.

宋微. 2016. 奶及奶制品在生产加工中的食品安全问题 [M]. 农民致富之友 (11)：90.

武建新. 2004. 乳品生产技术 [M]. 北京：科学出版社.

杨寿清. 2005. 食品杀菌和保鲜技术 [M]. 北京：化学工业出版社.

张智勇, 刘承, 杨磊. 2009. RFID的乳制品供应链安全风险控制 [M]. 中国乳品工业, 37 (11)：55-58.

H. 罗金斯基, J. W. 富卡, P. F. 福克斯. 2009. 乳品科学百科全书 [M]. 赵新淮, 刘宁主译. 北京. 科学出版社.

彩图1　无公害农产品标志

AA级绿色食品

A级绿色食品

彩图2　绿色食品标志

中国有机产品GAP认证

China GAP

中国有机转换产品认证

China GAP

彩图3　有机产品的标志

彩图4　红膘肉

彩图5　PSE肉

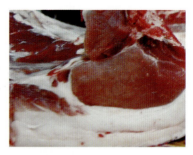
彩图6　DFD肉

颜色发暗的猪肉

正常颜色的猪肉

彩图7　颜色发暗的猪肉与颜色正常猪肉比较

颜色发白的非正常猪皮肤（泡了水）

颜色正常的猪皮肤

彩图8　泡了水的猪皮与正常猪皮颜色比较

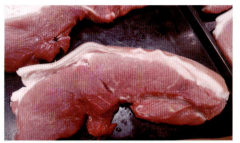
瘦肉精猪肉（皮下脂肪很少，颜色鲜红）

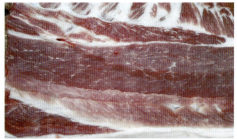
正常猪肉（皮下脂肪生长正常）

彩图9　瘦肉精猪肉与正常猪肉

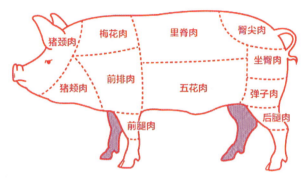

彩图10　猪肉等级分类

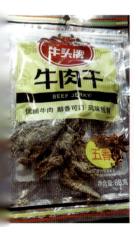

彩图11　脱水牛肉系列产品

彩图12　卤牛肉

彩图13　熏煮麻辣牛肉

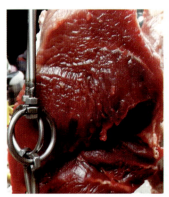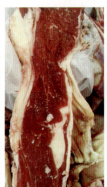

正常牛肉　　　　　　　　　　注水牛肉

彩图14　正常牛肉与注水牛肉

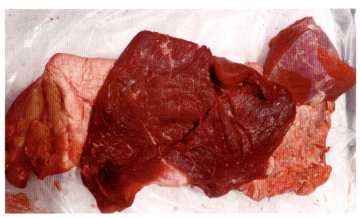

彩图15　新鲜牛肉　　　　　　　　　　　彩图16　次新鲜牛肉

彩图17　储藏时间过久的变质牛肉

正常新鲜的羊肉卷　　　　　　　　　　　冻存时间过久的肉卷

彩图18　不同颜色的羊肉卷

彩图20　正常羊肉的大理石花纹

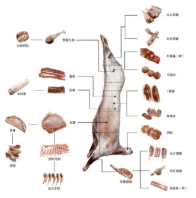

彩图19　羊肉的肌肉纹理　　　　彩图21　羊肉的等级分类

彩图22　卤兔肉

彩图23　烤兔肉

彩图24　兔肉干

彩图26　板　鸭

彩图25　新鲜兔肉

彩图27　板　鹅

彩图28　荣昌卤鹅

正常鸡宰后皮肤鲜
亮舒展、鸡爪呈伸
展状态

病死鸡的宰后皮肤松弛暗淡、
鸡爪呈收缩状态

彩图29　正常鸡与病死鸡宰后鸡爪的状态比较

彩图30　注水鸡肉

彩图31　血壳蛋

彩图32　裂纹蛋

彩图33　沙壳蛋

彩图34　皱纹蛋

长形蛋

圆形蛋

彩图35　不定型蛋

正常蛋

散黄蛋

彩图36　正常蛋与散黄蛋

彩图37　鲜奶储存不当造成乳清分离

彩图38　鲜奶储存不当乳清析出、蛋白凝聚

彩图39　奶酪储存不当造成的发霉

彩图40　涨袋的奶制品

蜂　胶

蜂　蜡

蜂花粉

蜂　蜜（巢蜜）

蜂王浆

彩图41　系列蜂产品

彩图42　同一款蜂蜜产品的不同结晶状态

破壁后的蜂花粉

破壁前的蜂花粉

彩图43　蜂花粉